이창민 교수는 대표적인 도시 개발 및 도시 재생 연구자로, 한국부동산개발협회 최고경영자과정(ARP)과 차세대 디벨로퍼과정(ARPY)의 주임교수로 활동 중입니다. 30년 넘게 뉴욕, 런던, 파리 등 270여 개 도시의 개발 및 재생 사례를 면밀히 조사하며 도시 경제와 부동산 분야를 연구하고 있으며, 『스토리텔링을 통한 공간의 가치』(2020, 세종도서 교양부문 선정), 『도시의 얼굴』, 『사유하는 스위스』, 『해외인턴 어디까지 알고 있니』 등을 썼습니다. 또한 사단법인 공공협력원 재단의 원장으로서 지속가능한 지역 개발, 글로벌 인재 양성, 나눔 실천, 문화예술 발전에 기여하는 동시에 도시경제학 박사로서 유럽 도시문화공유연구소의 소장직을 맡아 세계 도시들의 문화 경제적 가치를 심도 있게 연구하고 있습니다.

 hh902087@gmail.com   https//travelhunter.co.kr   @chang.min.lee

도시의 얼굴 – 파리

개정판 1쇄 발행 2024년 11월 15일

지은이　　　이창민
펴낸이　　　조정훈
펴낸곳　　　(주)위에스앤에스(We SNS Corp.)

진행　　　　박지영, 백나혜
편집　　　　상현숙, 백환희
디자인 및 제작 아르떼203(안광욱, 강희구, 곽수진) (02) 323-4893

등록　　　　제 2019-00227호(2019년 10월 18일)
주소　　　　서울특별시 서초구 강남대로 373 위워크 강남점 11-111호
전화　　　　(02) 777-1778
팩스　　　　(02) 777-0131
이메일　　　ipcoll2014@daum.net

ISBN　　　979-11-978576-3-8
세트　　　979-11-978576-9-0

도시의 얼굴

파리

이창민 지음

(주)위에스앤에스
We SNS Corp.

《도시의 얼굴-파리》를 펴내며

　오늘날 해외 여행이나 출장은 인근 지역으로 떠나는 일과 다름없는 일상적인 경험이 되었습니다. 인공지능(AI), 크라우드, 빅데이터, 사물인터넷(IoT)과 같은 정보통신 기술의 급격한 발전 덕분에 우리는 온라인과 오프라인에서 세계 어느 도시든 손쉽게 만날 수 있는 시대를 살아가고 있습니다. 젊었을 때 열심히 저축하고 나이가 들어 은퇴한 후에야 해외 여행을 계획했던 이전 세대와는 달리, 지금의 세대는 더욱 적극적이고 다양한 형태의 여행을 즐기고 있습니다. 이러한 변화는 단순히 여행 방식의 변화를 넘어, 도시와 도시민을 바라보는 우리의 관점에도 큰 영향을 미치고 있습니다.

　《도시의 얼굴 - 파리》는 이러한 시대적 요구에 부응하여, 필자가 경험했고 기억하는 파리라는 도시를 다각도로 조명하고 그 속에 숨겨진 깊은 이야기를 독자들에게 전달하고자 합니다. 필자는 지난 30여 년 동안 70여 개국 이상의 국가를 방문하며 270여 개의 도시를 경험해 왔으며, 그 과정에서 각 도시가 지닌 고유한 얼굴과 정체성을 깨닫게 되었습니다. 도시는 그곳의 역사, 문화, 경제, 그리고 종교적 배경에 따라 독특한 정체성을 형성하며, 이러한 다양성은 도시의 본질을 이루는 중요한 요소가 됩니다.

　파리는 문화와 예술, 낭만과 혁명의 도시로서, 그 독창성과 다양성을 대표하는 상징적인 도시입니다. 서기전 센강의 시테섬에서 시작된 파리의 역사는 1789년 시민 혁명, 1850년 오스만 시장의 대개조, 1889년 에펠 탑 건설, 2007년 '르 그랑 파리 프로젝트' 등 수많은 역사적 사건을 통해 오늘날의 파리로 발전해 왔습니다. 이러한 파리의 모습은 단순히 물리적 변화의 결과가 아니라, 그 속에 살아 숨 쉬는 사람들의 삶과 문화, 그리고 사회적 갈등과 화합의 흔적입니다.

　파리는 세계 최고의 음식, 카페, 패션, 명품 브랜드의 도시로, 빅토르 위고의
《레 미제라블》의 추억이 깃든 곳이기도 합니다. 에펠 탑과 루브르 박물관, 몽마
르트르 등은 세계인들이 사랑하는 명소로, 파리를 상징하는 대표적인 이미지들
입니다.

　파리는 단순한 도시가 아닙니다. 파리는 과거와 현재, 그리고 미래가 공존하
는 살아 있는 역사서입니다. 이 도시는 다양한 시대를 거치며, 그 속에 수많은
인류의 이야기를 품어 왔습니다. 파리의 건축물, 거리, 공원, 그리고 그 속에 사
는 사람들은 모두 이 거대한 도시의 일부이며, 이들이 만들어 낸 이야기는 그
자체로 하나의 문명입니다.

　우리는 이러한 도시의 이야기를 통해 몇 가지 중요한 질문을 던질 필요가 있
습니다. 우리는 어떤 도시에 살아야 하는가? 후손들에게 어떤 도시를 물려줄
것인가? 행복하고 아름답고 경쟁력 있는 도시는 누가 만드는가? 현대 사회에서
우리는 도시의 역할과 그 미래에 대해 깊이 생각해 보아야 할 시점에 와 있습니
다. 도시화, 기술 발전, 인구 변화, 그리고 세계화는 우리가 살아가는 도시의 모
습을 빠르게 변화시키고 있으며, 이러한 변화 속에서 도시가 어떻게 지속가능
하게 발전할 수 있을지 고민해야 합니다.

　도시는 단순히 사람들이 모여 사는 장소를 넘어, 미래의 가치를 실현하는 중
요한 공간입니다. 지속가능한 지역사회로서, 도시는 모든 사람들이 협력하여
평등한 기회를 누리고 훌륭한 서비스를 제공받을 수 있는 곳이어야 합니다. 최
근 전 세계의 주요 도시들은 경쟁력을 확보하기 위해 창의적인 아이디어를 반
영한 혁신적 도시 개념을 도입하고 있으며, 우수한 인재를 유치하기 위한 다양
한 인프라를 강화하고 있습니다. 특히 과학적 혁신을 기반으로 한 도시 발전은

재능 있는 인재들이 체류하고 근무할 수 있는 환경을 제공하는 데 중점을 두고 있습니다.

파리와 같은 메트로폴리스는 항상 인류 발전의 원동력이 되어 왔습니다. 옥스퍼드의 석학 이언 골딘과 이코노미스트 톰 리-데블린은 《번영하는 도시, 몰락하는 도시》에서 "인류 문명의 발상지부터 현대에 이르기까지 도시가 인큐베이터 역할을 해 왔다"고 설명합니다. 그러나 21세기에 들어서면서 도시는 새로운 도전에 직면하고 있습니다. 불평등의 심화, 도시의 양극화, 그리고 기후 변화와 같은 문제들이 도시의 번영을 위협하고 있습니다. 세계화와 기술 진보는 세상을 더 평평하게 만들 것이라는 희망을 품게 했지만, 실제로는 그렇지 않았습니다. 오히려 세상은 점점 더 뾰족해지고 있습니다. 법률, 금융, 컨설팅과 같은 고임금 직종의 일자리는 소수의 도시에 집중되었고, 이로 인해 일반 서민들은 점점 도심에서 밀려나고 있습니다. 파리와 같은 도시에서 이러한 경향은 더욱 뚜렷하게 나타나고 있습니다. 과거에는 천연자원이 풍부한 지역에 산업이 밀집되었지만, 이제는 지식 기반 산업이 주도하는 도시로 사람들과 기업들이 몰려들고 있습니다.

팬데믹 이후, 원격 근무의 확산은 도시의 상업 지역에 큰 충격을 주었고, 이는 도시의 경제와 사회적 구조에 깊은 영향을 미치고 있습니다. 이러한 변화 속에서 파리와 같은 대도시는 새로운 방향성을 모색해야 합니다. 유연한 근무 환경과 창의적 상호작용의 조화를 이루기 위해 도시의 역할은 더욱 중요해졌으며, 지속 가능한 발전을 위해서는 더 저렴한 주택과 효율적인 대중교통, 그리고 환경 친화적인 도시 개발이 필요합니다.

파리와 같은 대도시는 이러한 변화의 중심에 서 있습니다. 《도시의 얼굴-파

리》는 파리의 주요 랜드마크와 명소들뿐만 아니라, 그 이면에 숨겨진 이야기를 탐구합니다. 에펠 탑, 루브르 박물관, 몽마르트르와 같은 랜드마크들은 단순한 건축물이 아니라, 파리의 역사와 현재, 그리고 미래를 잇는 중요한 연결 고리입니다. 이 책은 이러한 장소들이 어떻게 파리의 정체성을 형성했는지, 그리고 앞으로 어떤 역할을 할 것인지를 조명합니다.

이 책이 단순히 파리를 소개하는 데 그치지 않고, 도시가 어떻게 발전하고 변화하며, 또 어떤 도전에 직면하고 있는지 이해하는 데 도움이 되기를 바랍니다. 필자는 책에 담긴 내용을 보다 현실감 있게 다루기 위해 현지 도시에 직접 여러 차례 방문하고, 그곳에서 체험하며 책을 집필했습니다. 도시를 사랑하고, 여행을 즐기며, 도시의 역사와 문화를 공부하는 모든 이들에게 이 책이 작은 영감이 되기를 기대합니다.

마지막으로 이 책이 세상에 나올 수 있도록 아낌없는 격려와 지원을 보내 주신 한국 부동산개발협회 창조도시부동산융합 최고경영자과정(ARP)과 차세대 디벨로퍼 과정(ARPY) 가족 여러분, 그리고 김원진 변호사님, 정호경 대표님 등 사회 공헌 가치에 공감하고 동참해 주시는 공공협력원 가족 여러분, 1년여 동안 책의 출판을 위해 도와주셨던 아르떼203 여러분, 그리고 저를 아껴 주시는 모든 분들께 감사의 말씀을 전합니다.

파리라는 도시의 특별한 얼굴을 발견하고 그 안에 담긴 이야기를 깊이 있게 이해하는 여정이 되기를 바랍니다.

2024년 11월 이 창 민

《도시의 얼굴-파리》를 펴내며 ·· 004

1. 프랑스 개황 ··· 013
2. 파리 개황 ·· 029
3. 파리의 도시 재생 및 개발 정책과 현황 ···················· 037
4. 파리의 주요 랜드마크 ···································· 053
   1. 루이비통 재단 미술관 ·································· 054
   2. 루이비통 복합 문화 공간 ······························ 058
   3. 케 브랑리 박물관 ····································· 065
   4. 프롬나드 플랑테 ······································ 069
   5. 오르세 미술관 ·· 073
   6. 라빌레트 공원 ·· 078
   7. 파리 하수도 박물관 ···································· 087
   8. 생카트르 ··· 089
   9. 리브 고슈 ·· 093
   10. 스타시옹 F ·· 100
   11. 르 몽드 그룹 ··· 105
   12. 프랑스 국립 도서관 ··································· 107
   13. 시몬 드 보부아르 인도교 ······························ 112
   14. 라데팡스 ·· 114
   15. 퐁피두 센터 ··· 129
   16. 베르시 빌라주 ······································· 134
   17. 포럼 데 알 ·· 143
   18. 피노 컬렉션 ··· 148
   19. 제롬 세이두 파테 재단 ································ 150
   20. 모를랑 믹시테 카피탈 ································· 152
   21. 파비용 드 라르스날 ··································· 155
   22. 그랑드-세르 팡탱 ····································· 158
   23. 파리 파사주 ··· 161
   24. 레 도크 ··· 171
   25. 앙드레 시트로엥 공원 ································· 174
   26. 라 센 뮈지칼 ·· 176

5. 파리의 주요 명소 ·································· 179

  1. 루브르 박물관 ································· 180
  2. 튈르리 정원 ··································· 187
  3. 샹젤리제 거리 ································· 189
  4. 에펠 탑 ··· 192
  5. 센강 ··· 196
  6. 자유의 불꽃 ··································· 204
  7. 마레 지구 ······································ 207
  8. 몽마르트르 ···································· 221
  9. 그랑 팔레 박물관 ··························· 231
  10. 에투알 개선문 ······························ 233
  11. 아코르 아레나 ······························ 236
  12. 호텔 루테티아 ······························ 239
  13. 카페 드 플로르 ····························· 242
  14. 카페 레 되 마고 ···························· 244
  15. 생 제르맹 데 프레 성당 ·················· 247
  16. 시테섬 ··· 250
  17. 노트르담 대성당 ··························· 257
  18. 셰익스피어 앤드 컴퍼니 ················· 262
  19. 생투앙 벼룩시장 ··························· 265
  20. 오랑주리 미술관 ··························· 267
  21. 팡테옹 ··· 271
  22. 몽파르나스 타워 ··························· 274
  23. 갈르리 라파예트 ··························· 277
  24. 앵발리드 ······································ 279
  25. 로댕 박물관 ·································· 285
  26. 오데옹 극장 ·································· 288
  27. 뤽상부르 정원 ······························ 290
  28. 생 에티엔 뒤 몽 ···························· 292
  29. 소르본 대학교 ······························ 294
  30. 팔레 루아얄 ·································· 296
  31. 오페라 가르니에 ··························· 297
  32. 파리의 광장들 ······························ 300
  33. 파리 인근 예술 명소 ······················ 304
  34. 베르사유 궁전 ······························ 310
  35. 디즈니랜드 파리 ··························· 313

6. 기타 자료 ······································· 315

7. 참고 문헌 및 자료 ···························· 319

프랑스(France)
전체 지도 및 주요 도시

오드프랑스
Hauts-de-France

노르망디
Normandie

O 파리
일드프랑스
Île-de-France

브르타뉴
Bretagne

페이드라루아르
Pays de la Loire

상트르발드루아르
Centre-Val de Loire

O
낭트

누벨아키텐
Nouvelle-Aquitaine

O
보르도

옥시타니
Occitanie

O
툴루스

메츠

그랑테스트
Grand Est

디종

부르고뉴프랑슈콩테
urgogne-Franche-Comté

리옹

오베르뉴론알프
uvergne-Rhône-Aple

프로방스알프코트다쥐르
Provence-Alpes-Côte d'Azur

마르세유

코르시카
Corse

1

프랑스 개황

프랑스 공화국
(République Française)

1. 프랑스 개요

면적 -	67만km²(세계 46위)
수도 -	파리
인구 -	6,817만 명(2023년)
민족 -	유럽계 백인(85%), 북아프리카인(10%), 흑인(3.5%), 아시안(1.5%)
기후 -	해양성 기후, 대륙성 기후, 지중해성 기후
공용어 -	프랑스어
종교 -	가톨릭, 신교, 유대교, 이슬람교 등
GDP -	3조 317억 달러(2023년)
(1인당 GDP)	4만 6,000달러(2023년)
행정구역 -	18개 광역 지자체(Région), 101개 중간 지자체(Département)

 67만km²

 6,817만 명

3조 317억 달러

2. 정치적 특징

정부형태 - 대통령 중심제(의원 내각제 가미)
국가원수 - 대통령 - 에마뉘엘 마크롱(2017.05.14. 취임)
　　　　　총리 - 가브리엘 아탈(2024.01.09. 취임)
선거형태 - 직접 보통선거
주요정당 - 사회당(SOC)/공화당(LR)/국민전선(FN)
　　기타 - ※ 대통령 임기 5년, 중임제
　　　　　※ 총리 임기 5년

에마뉘엘 마크롱　　　　　가브리엘 아탈
대통령*　　　　　　　　　총리*

3. 프랑스 약사

연도	역사 내용
BC 1800	골(Gaule)족의 정착
451	로마와 게르만 연합군이 훈족의 침입 격퇴(카탈라우눔의 싸움)
481	서로마 멸망 후 메로빙거 왕조의 프랑크 왕국 건설
751	카롤링거 왕조의 시작. 상업에 의존하던 메로빙거 왕가와 달리 토지 및 농업 경제에 기반, 중세 폐쇄적 사회의 기초가 됨
768	샤를마뉴(독일어: 카를) 대제 재위 기간(768~814)에 프랑스의 문화 부흥, 신성로마제국 시대의 시작
834	베르됭 조약으로 국토 3분할 - 동프랑크(루트비히 2세, 독일), 중프랑크(로타리우스 1세, 북이탈리아), 서프랑크(샤를 2세, 프랑스 왕국) 서유럽의 세 근대국가(프랑스, 독일, 이탈리아)의 모태 탄생
987	위그 카페에 의해 카페 왕조 창시, 프랑크 왕국 멸망 후 프랑스의 역사 시작
1096	프랑스 제후, 기사가 중심이 된 제1차 십자군이 예루살렘 왕국 건설
1189	제3차 십자군(1189~1192), 필리프 2세 참가
1285	필리프 4세 재위 당시 카페 왕조의 전성기를 맞음
1309	교황의 아비뇽 유수 사건 발생, 삼부회 소집(성직자, 귀족, 평민의 대표 소집)
1337	카페 왕조 단절 후 왕조 다툼으로 프랑스, 영국 백년전쟁(1337~1453) 발발 프랑스와 잉글랜드의 평민들에게 국민의식 태동, 잔다르크 탄생(19세 사망)
1461	루이 7세에 이어 루이 11세의 재위기 동안 왕권 강화 및 절대왕권의 기초 마련 국토 확보, 관료제 정비, 상비군 창설
1520	칼뱅주의 형성
1598	부르봉 왕조의 앙리 4세의 '낭트 칙령' 반포를 통해 신앙의 자유를 인정하며 내란 수습. 프랑스의 칼뱅주의 개신교도 종교 인정(이후 루이 14세 가톨릭만 국교로 인정)
1610	캐나다에 프랑스 최초의 식민지 퀘벡 개척
1661	콜베르(루이 14세 재무장관)의 중상주의 정책으로 부국강병, 해외 식민지 건설
1670	태양왕 루이 14세의 절대군주, 왕권신수설 선언. 베르사유 궁전을 중심으로 하는 궁정문화 개화, 문학 살롱 시작, 유럽 최고의 문화국이 됨
1789	프랑스 혁명 발발 및 바스티유 감옥 탈환
1791	헌법제정의회가 헌법 공포, 입법의회 성립
1792	오스트리아와의 전쟁으로 왕가 유폐, 왕권 폐지 및 공화제 선언(제1공화국)
1793	루이 16세와 마리 앙투아네트 단두대 처형

1799	나폴레옹이 이탈리아 승리 후 쿠데타를 일으켜 나폴레옹 1세 황제 등극(노트르담 대성당 즉위식)
1804	나폴레옹은 재정, 행정 개혁 단행 후 '나폴레옹 법전'을 공포하며 황제 즉위
1814	영국, 오스트리아 연합군의 공격으로 나폴레옹 엘바 섬으로 유배
1815	나폴레옹 탈출 후 '100일 천하'를 이루었으나 워털루 전투 패배로 인해 추방
1830	언론통제를 목적으로 한 '7월 칙령'을 계기로 7월 혁명 발생. 유럽 여러 나라에 자유주의, 국민주의가 파급되는 계기 - 입헌군주제
1848	산업혁명으로 상업, 금융 부르주아 세력 확장, 2월 혁명 발발 당시 황제 루이 필리프는 영국으로 망명, 제2공화국 성립으로 빈 체제 붕괴. 루이나폴레옹 보나파르트 대통령 당선(나폴레옹 조카)
1870~71	에스파냐 왕위 계승 문제를 계기로 프로이센 - 프랑스 전쟁 발발(나폴레옹 포로)
1871~79	프로이센 - 프랑스 전쟁 패배 후 혁명으로 공화제 선언, 제3공화국 수립. 혁명 정권 수립 후 붕괴 등 정치적 변화가 계속됨(왕당파와 공화파 대립 끝에 의원내각제 체택)
1920~30	해외 식민지 제국을 확장하여 세계에서 두 번째로 큰 국가가 됨. 당시 프랑스 주권 토지 총 면적 1,300km^2, 세계 토지의 8.6% 점령
1914~39	제 1, 2차 세계대전에서 평화를 유지하기 위한 노력을 계속하였으나 좌파와 우파의 갈등으로 유화 정책을 취함 제1차 세계대전 - 독일과 전쟁(독일로부터 알자스로렌 지방을 되찾음) 제2차 세계대전 - 독일에 의해 침공됨
1944~46	전후 임시정부 이후 제4공화국 수립(드골) 인도차이나 전쟁, 알제리 전쟁으로 불안한 국정
1958	드골 대통령의 지도로 제5공화국 수립
1970	경제 위기로 이민자들의 프랑스 정착을 권장, 이후 통합을 위해 많은 시간과 노력 투자
1981	미테랑 대통령의 유럽 통합 중요성 강조 기조, 1992년 마스트리히트 조약 비준으로 확장 후 프랑스는 독일과 함께 유럽 연합의 쌍두마차로서 유럽 통합 견인
2002	프랑스 화폐 프랑(franc), 유로화로 대체
2004	정교 분리 원칙 기반, '학교 현장에서 종교적 상징 금지' 법률안 발표
2015	IS 파리 테러 발생, 120명 이상 사망
2017	마크롱 대통령 임기 시작
2019	노트르담 대성당 화재로 소실
2024	파리올림픽 개최

4. 프랑스 행정구역

오드프랑스
Hauts-de-France

노르망디
Normandie

일드프랑스
Île-de-France

브르타뉴
Bretagne

페이드라루아르
Pays de la Loire

상트르발드루아르
Centre-Val de Loire

부르고뉴프랑슈콩테
Bourgogne-
Franche-Comté

누벨아키텐
Nouvelle-Aquitaine

오베르뉴론알프
Auvergne-Rhône-Alpe

옥시타니
Occitanie

랑테스트
and Est

로방스알프코트다쥐르
nce-Alpes-Côte d'Azur

코르시카
Corse

레지옹	명칭
1	그랑테스트(Grand Est)
2	노르망디(Normandie)
3	누벨아키텐(Nouvelle-Aquitaine)
4	부르고뉴프랑슈콩테(Bourgogne-Franche-Comté)
5	브르타뉴(Bretagne)
6	상트르발드루아르(Centre-Val de Loire)
7	오드프랑스(Hauts-de-France)
8	오베르뉴론알프(Auvergne-Rhône-Alpes)
9	옥시타니(Occitanie)
10	일드프랑스(Île-de-France)
11	코르시카(Corse)
12	페이드라루아르(Pays de la Loire)
13	프로방스알프코트다쥐르(Provence-Alpes-Côte d'Azur)

※ 해외 레지옹: 과들루프(Guadeloupe), 마르티니크(Martinique),
    프랑스령 기아나(Guyane), 레위니옹(La Réunion), 마요트(Mayotte)

5. 경제적 특징

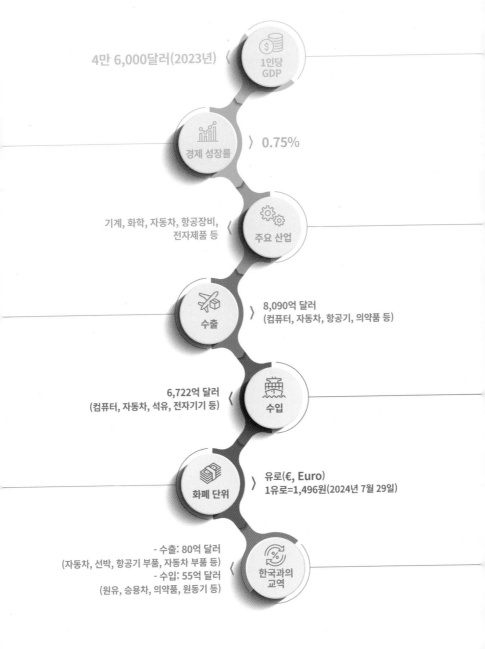

4만 6,000달러(2023년) ⟨ **1인당 GDP**

경제 성장률 ⟩ 0.75%

기계, 화학, 자동차, 항공장비,
전자제품 등 ⟨ **주요 산업**

수출 ⟩ 8,090억 달러
(컴퓨터, 자동차, 항공기, 의약품 등)

6,722억 달러
(컴퓨터, 자동차, 석유, 전자기기 등) ⟨ **수입**

화폐 단위 ⟩ 유로(€, Euro)
1유로=1,496원(2024년 7월 29일)

- 수출: 80억 달러
(자동차, 선박, 항공기 부품, 자동차 부품 등)
- 수입: 55억 달러
(원유, 승용차, 의약품, 원동기 등) ⟨ **한국과의 교역**

◼ 10대 주요 기업(2024)

기업명	주력상품	매출(단위$)
TotalEnergies	에너지	2,836억
LVMH	소비재, 럭셔리	1,000억
Renault Group	자동차	580억
Airbus	항공우주	800억
Sanofi	제약	440억
Engie	에너지	700억
Sodexo	식음료 및 시설 관리	250억
Capgemini	IT 서비스	220억
Vinci	건설 및 엔지니어링	700억
Vivendi	미디어	200억

출처: Fortune global 500 companies list

6. 프랑스 문화

1) 예술

- 18세기 이후부터 20세기 전반기까지는 프랑스 미술이 곧 서양 미술 그 자체
- 르네상스가 이탈리아, 바로크는 독일과 네덜란드를 중심으로 전개되었다면 이후 등장한 로코코, 신고전주의, 낭만주의, 사실주의, 인상주의, 신인상주의, 후기인상주의, 야수파, 입체파, 초현실주의 등의 사조들 전부 프랑스 미술계를 중심으로 나온 사조
- 제2차 세계대전 이후 세계 미술 중심이 미국 뉴욕으로 넘어갔으나, 여전히 프랑스는 예술계의 강대국

시대	특징
로마네스크 시대 (11~12세기)	- 중세 시대 프랑스 예술 작품은 교회와 봉건적 궁정을 중심으로 구성 - 로마네스크란 로마를 흉내 낸 예술 양식이라는 뜻으로, 터널식 천장 구조 건축물 - 이 시기 랭스, 투르, 장크트갈렌, 파리, 메스 등 여러 수도원에서 예술의 발전 장려 - 랑그도크루시용과 부르고뉴 지역을 중심으로 조각과 조소를 가르치는 학교 세워짐
고딕 시대 (12~15세기)	- 자연주의를 지향 - 이전 시대보다 더 다양한 자세와 표현력이 그림에 나타남 - 구조상 한계 많은 로마네스크 대신 고딕 건축 양식이 발전 - 과학 기술 발달 반영 - 귀족의 예술가 후원 증가 - 노트르담 대성당, 생트 샤펠 등이 대표적인 건축물

르네상스 시대
(16세기)
	- 이탈리아 양식이 새로운 물결로 등장
	- 샤를 8세에 의해 프랑스에 전파되기 시작
	- 100년 전쟁 이후, 봉건 영주들이 중립을 유지하여 대체적으로 평온했던 시기.
	  방어적 기능을 상실한 우아하고 사치스러운 궁전
	- 프랑수아 1세, 이탈리아 출신 프란체스코 프리마티초를 궁정 화가로 고용
	- 퐁텐블로 궁전의 궁정 화가들도 이탈리아식 화풍을 사용
	- 프랑스 남부 프로방스 지방은 이탈리아와 카탈루냐, 플랑드르의 미술 등
	  여러 지역의 영향을 받으며 독특한 프로방스식 작품을 탄생시킴

바로크 시대 (17~18세기 초)	- 고전주의와 합리주의가 결합된 산물 - 바로크는 '일그러진 진주'를 의미 - 절대군주제가 '미적 권위주의'로 반영됨 - 정치적 중앙집권화로 예술품 생산 및 유통에 통제 발생 - 왕립 예술아카데미는 색채보다 정밀한 소묘를, 동세보다는 질서나 권위를 나타내는 좌우 대칭 종교화 권장

시대	특징
18세기	- 정치적 격동이 예술 사조에 반영 - 바로크 시대보다 한층 더 화려하며 섬세 - 바로크 양식이 가톨릭, 절대군주제를 옹호하는 정치적 성격을 보이는 데 반해 로코코는 궁정의 우아함과 유희를 강조 - 18세기 후반 로코코 양식의 화려함을 경박하다 비판한 자크루이 다비드 등 신고전주의로 회귀 - 그리스, 로마 영웅 모습 반영한 신고전주의는 1789년 프랑스 대혁명을 주제로 한 영웅적 그림들 등장시킴
19세기	- 예술의 중심이 이탈리아에서 프랑스로 이동 - 낭만주의가 대두되기 시작 - 예술이 사회 목적으로부터 독립되어 예술가의 주관적 감정 등을 중시 - 19세기 중반 이후, 순수하게 시각적인 미학과 자연의 일시적, 우발적 측면을 표현하는 인상주의 등장 - 마네, 모네, 르누아르 등의 화가, 일시적 자연의 순간을 포착하고자 함 - 세잔은 인상파 그룹으로부터 영감을 받기는 하였으나 형태와 공간 효과의 근본적 특징을 바탕으로 독자적 접근법 연구 - 19세기의 조각은 회화에 비해 보수적 경향 유지
20세기	- 세잔의 영향과 아프리카의 예술에 대한 새로운 관심의 흐름과 결합한 후기 인상주의 - 후기 인상파는 20세기 초반의 포비즘 운동과 피카소와 브라크가 창조한 입체주의로 계승 - 제1차 세계대전을 통해 초현실주의 성장 - 1945년 이후에 니콜라 드 스탈, 조르주 마티외 등 추상표현주의 대가로 활동 - 장식 예술과 현대 양식의 가구에는 단순화와 기능주의를 지향하는 새로운 경향 - 포스트 모더니즘 등장

출처: 프랑스 관광청 및 기자 자료 참고

2) 대표적 예술가

(1) 외젠 들라크루아(1798~1863년)

- 19세기 낭만주의 예술 최고 대표자로 매우 풍부하고 다양한 감정 지님
- 외곽선의 명료성과 세밀하게 본을 뜬 형태보다는 색과 운동에 대한 강조 중시함
- 대표작 〈민중을 이끄는 자유의 여신〉. 1830년 7월 혁명을 소재로 하여 그린 작품으로 자유의 여신이 들고 있는 삼색기의 3가지 색깔은 자유, 평등, 박애의 상징으로 민중이 역사의 주체자라는 이념 담음

• 들라크루아, 〈민중을 이끄는 자유의 여신〉*

(2) 귀스타브 쿠르베(1819~1877년)

- 사실주의 대표 화가
- 그림에 신, 영웅, 왕이나 귀족이 아닌 노동자, 농민 등 당대의 인물과 일상, 있는 그대로의 자연을 담고자 함
- 대표작 〈오르낭의 매장〉

• 쿠르베, 〈오르낭의 매장〉*

(3) 클로드 모네(1840~1926년)

- 인상주의의 대표 화가로 '빛은 곧 색채'라는 인상주의 원칙 고수
- 연작을 통해 동일한 사물이 빛에 따라 어떻게 변하는지 탐색함
- 대표작 〈인상, 일출〉, 이 작품으로 '인상주의'라는 말 생겨남

• 모네, 〈인상, 일출〉*

(4) 빈센트 반 고흐(1853~1890년)

- 네덜란드 출신으로 1886년에 파리 정착
- 후기 인상주의 대표 화가
- 37세 권총 자살 전까지 10년이 채 안 되는 짧은 기간 동안 활동하였으며 사후에 유명해짐
- 강렬함 속에서도 섬세하고 치밀하게 작품 표현, 특히 원색의 점과 붓놀림 통해 격양된 감정을 전달
- 대표작 〈별이 빛나는 밤〉

• 고흐, 〈별이 빛나는 밤〉*

(5) 폴 세잔(1839~1906년)

- 후기 인상주의의 대표 화가
- 인상주의 그림의 단점을 보완하여 윤곽선을 뚜렷하게 하면서도 빛의 효과
  를 뛰어나게 표현
- 다각도의 시선을 표현한 정물화는 훗날 피카소로 대표되는 입체주의에 영향
- 대표작 〈사과와 오렌지〉

• 세잔, 〈사과와 오렌지〉*

2

파리 개황

1. 개요

지역	프랑스 북부 일드프랑스 지방의 중앙
면적	105.4km²(서울의 1/6 크기)
인구	210만 명(2023년 기준)
기후	서안해양성기후 및 온난
위치	
행정구역	- 1구역을 중심으로 시계 방향으로 20개의 행정구역 아롱디스망(Arrondissement, 우리나라의 구區에 해당)이 늘어서 '달팽이'라고 불림

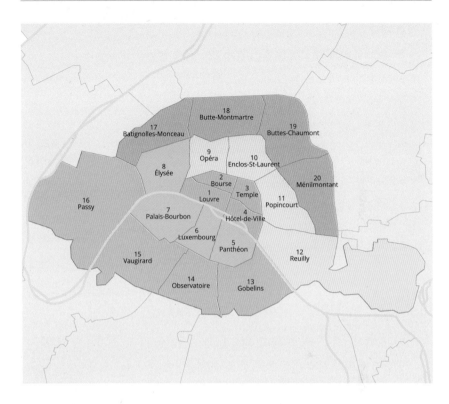

▪ 파리 행정구역

구분	명칭	구분	명칭
1구	루브르구	11구	포팽쿠르구
2구	부르스구	12구	뢰이구
3구	탕플구	13구	고블랭구
4구	오텔드빌구	14구	옵세르바투아르구
5구	팡테옹구	15구	보지라르구
6구	뤽상부르구	16구	파시구
7구	팔레부르봉구	17구	바티뇰몽소구
8구	엘리제구	18구	뷔트몽마르트르구
9구	오페라구	19구	뷔트쇼몽구
10구	앙트르포구	20구	메닐몽탕구

1) 경제 개황

■ 프랑스 GDP의 약 30%를 차지하며 전체 경제 활동의 20%가 이루어짐

■ 2023년 기준 세계 도시 GDP 순위 5위를 달성함

순위	도시	GDP(단위 $)	인구
1	뉴욕	2조 2,000억	890만 명
2	도쿄	1조 9,000억	1,400만 명
3	상하이	1조 8,000억	2,500만 명
4	시드니	1조 4,000억	530만 명
5	파리	1조 2,000억	210만 명
6	홍콩	1조 1,000억	760만 명
7	로스앤젤레스	1조	400만 명

2) 산업 특징

(1) 고부가가치 서비스

- 애플, 페이스북, 구글, 화웨이, MS 등 세계 굴지의 IT 및 전자통신 기업들이 있으며 파리의 경제 활동 인구 중 약 35%가량이 종사하고 있음

(2) 우주항공, 자동차

- 대표적으로 에어버스(Airbus)가 있으며 매년 열리는 파리 에어쇼에서 두각을 나타냄
- 시트로엥은 프랑스의 대표 자동차 제조업체이며 파리에서 2년마다 열리는 파리 모터쇼는 세계에서 가장 중요한 모터쇼 중 하나

(3) 제조업

- 약 7만 5,000명의 종사자들이 있으며 대부분 섬유, 의류, 가죽 제품 및 신발 제조에 초점을 두고 있음
- 대부분 교외에 위치하며 1900년대에 비해 급속도로 쇠퇴함

(4) 주요 기업

- 세계 500대 기업 중 프랑스 기업은 31개가 속해 있으며 이 중 10개가 파리에 본사를 두고 있음
- 중앙집권적인 정치구조로 인해 약 40% 정도의 화이트칼라 직종이 파리에 집중됨
  ① 금융 및 보험: BNP 파리바, BPCE 그룹, CM-CIC 그룹, AXA, 알리안츠(Allianz), GNP 아쉬랑스 등
  ② MICE 산업: 코멕스포지움(Comexposium), 리드 미뎀(Reed Midem) 등
  ③ 패션, 디자인, 럭셔리 제품: 샤넬, 에르메스, 구찌, 입생로랑, 루이 비통, 로레알 등
  ④ 호텔 및 케이터링: 아코르, 클럽 메드, 루브르 호텔 등
  ⑤ 자동차, 수송: 르노(Renault), PSA 푸조, 시트로엥, 보쉬, 발레오 등
  ⑤ 음식 사업: 다논(Danone), 크래프트 푸드(Kraft Foods) 등

3) 약사

- 프랑스 혁명 이래로 파리는 명실상부한 프랑스의 중심
- 파리를 근대 도시로 탈바꿈한 인물은 조르주 오스만 남작으로 상하수도 시설을 갖추고 도심부를 재개발하는 등 근대 도시로의 기틀을 닦음
- 19세기 말에서 제1차 세계대전 발발 전까지 파리는 크게 성장하였으며 1889년 파리 엑스포(만국박람회)를 기념하는 에펠 탑이 탄생했고 1900년 파리 엑스포에서 파리 지하철을 개통함
- 1968년 68운동이 파리에서 전 세계로 확산되었고 오늘날 파리는 프랑스의 정치, 경제, 문화의 중심지이자 세계적인 문화, 예술, 패션 도시로 그 명성을 날림

연도	역사 내용
BC 52	센강(Seine River) 시테(Cite)섬에서 파리의 역사가 시작됨
360	도시의 이름이 '파리'로 개명됨
508	프랑크 왕조의 첫 번째 왕인 클로비스 1세가 파리를 제국의 수도로 명명
885~886	프랑크 왕국 샤를 3세, 바이킹과 강화 맺음. 센강의 우안 쪽으로 파리 확장
11세기	은자 무역과 순례자들을 위한 전략적 관문이었으므로 경제적 번영을 누림
1200	파리 대학 최초 설립, 13세기 중반에 이미 파리 인구는 20만 명을 넘어섬
12~13세기	노트르담 성당, 소르본 대학교 설립으로 서유럽 학문의 중심지
1337	백년전쟁 발발
1417	잉글랜드 왕 헨리 5세 프랑스 원정 재개, 점차 남진하여 파리를 포위
1418	프랑스 부르고뉴군이 폭동을 일으켜 파리를 무력으로 탈취
1422	헨리 6세는 루아르강 북쪽 프랑스 국왕으로, 샤를 7세는 루아르강 남쪽의 프랑스 국왕으로 인정됨
1437	샤를 7세 파리 탈환. 후에 샤를 7세는 프랑스 교회주의를 확립, 상비군과 관료제에 기반을 둔 강력한 왕권 구축
1562	종교전쟁이 발발, 약 30년간 지속되면서 도시 황폐화
1453	백년전쟁 종전. 그러나 영-프 갈등은 대륙 세력과 해양 세력 간의 견제와 균형으로서 현대 유럽에도 상존
18세기	새로운 가로망 설치, 수도 설비 개선 등 위생과 안전 인프라 구축 계몽주의 중심지로 철학자들이 파리에 모여 새로운 사상, 학문, 예술 발전 논의
1789	파리 시민들의 바스티유(왕권의 상징) 급습
1792	의회는 군주제를 폐지하고 공화국 선포
1860	파리의 외곽 지역 합병으로 20개의 '구(區)'로 형성
1870	프로이센 전쟁 패배로 루이 나폴레옹 폐위
1873	프랑스 제3공화국의 전쟁 배상금 지불 완료. 대불황 시작
19세기 말	만국박람회 5차례 개최, 1889년 에펠 탑 건설
20세기 초	인구 과밀화로 인한 주거난 해소를 위해 공공 임대주택 건설
1940	제2차 세계대전 중 독일군에 점령 및 44년 파리 탈환
2007	사르코지에 의해 '그랑 파리 프로젝트' 시작, 유럽 최대 대규모 도시 재생 사업
2024	파리올림픽 개최

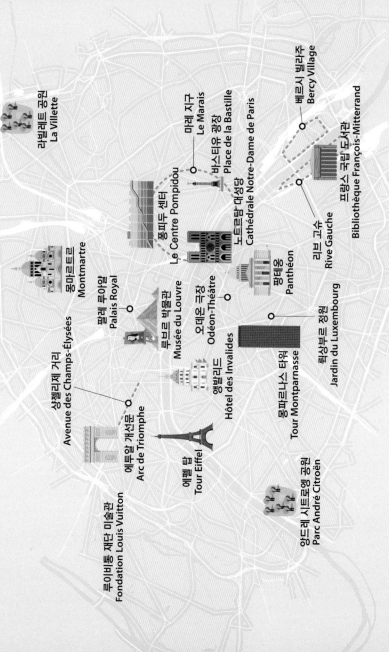

라빌레트 공원
La Villette

마레 지구
Le Marais

바스티유 광장
Place de la Bastille

노트르담 대성당
Cathédrale Notre-Dame de Paris

베르시 빌라주
Bercy Village

프랑스 국립 도서관
Bibliothèque François-Mitterrand

퐁피두 센터
Le Centre Pompidou

몽마르트르
Montmartre

팔레 루아얄
Palais Royal

루브르 박물관
Musée du Louvre

오데옹 극장
Odéon-Théâtre

팡테옹
Panthéon

리브 고슈
Rive Gauche

샹젤리제 거리
Avenue des Champs-Élysées

뤽상부르 정원
Jardin du Luxembourg

앵발리드
Hôtel des Invalides

몽파르나스 타워
Tour Montparnasse

에투알 개선문
Arc de Triomphe

에펠탑
Tour Eiffel

루이비통 재단 미술관
Fondation Louis Vuitton

앙드레 시트로엥 공원
Parc André Citroën

3

파리의
도시 재생 및 개발 정책과 현황

1. 도시 개발 역사

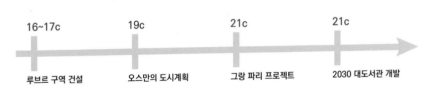

• 파리의 도시 개발 타임라인

1) 16~17세기 도시 개발: 루브르 궁전 건설

■ 1515~1547년

- 프랑수아 1세의 통치 기간(1515~1547년)에 루브르 개혁이 진행되었으며 이는 1079년 시작되어 약 9세기에 걸쳐 이루어진 루브르 박물관을 중심으로 한 파리 도시 개발의 일부임
- 1546년 프랑수아 1세는 11세기부터 있었던 오래된 요새를 허물고 피에르 레스코를 고용하여 새로운 궁전 설계를 지시, 루브르 궁전의 건축 프로젝트를 책임지는 건축가로 임명함
- 1546년부터 1551년까지 피에르 레스코가 지은 부분은 루브르 궁전의 일부분에 지나지 않았으나 이 건물은 프랑스 고전주의의 틀을 세움

■ 1559~1589년

- 1559년 앙리 2세 사망 후 미망인 카트린 드메디시스는 새로운 궁전인 튈르리 건축을 계획
- 하나의 큰 뜰과 두 개의 작은 뜰을 둘러싸는 높은 지붕이 있는 길고 좁은 건물들로 이루어짐
- 1600년대에 궁전 건물이 확장되어 루브르 궁전의 남동쪽 모서리에 편입됨

■ 1665~1678년

- 루브르 궁전의 동쪽 정면은 루이 14세가 임명한 클로드 페로가 기존의 프랑스 양식과는 다른 디자인으로 설계하여 이탈리아의 건축가 베르니니가 선택함

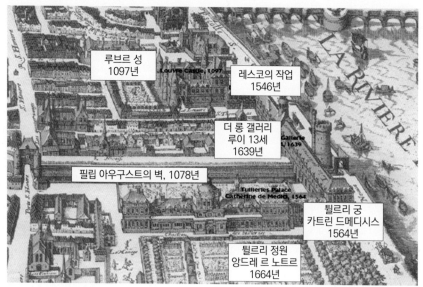

• 루브르 궁전 변천 과정*

- 1678년 황궁은 베르사유 궁으로 이전하고, 루브르 궁전은 박물관으로 바뀜

2) 19세기 도시 재생: 오스만(Haussmann)의 거대 공공사업

■ 도시 재생 배경

- 현대적 런던에서 젊은 시절을 보낸 나폴레옹 3세의 의뢰로 1853년부터 1870년까지 이루어진 광대한 공공사업 프로그램
- 중세 이후, 도시계획 부재로 무질서하고 허름한 건물들이 난립해 루브르 궁 등 역사적 건물들 위용 상실
- 19세기 중반 파리의 중심부는 지나치게 높은 인구밀도와 질병 등으로 위험 하고 음침한 지역으로 여겨짐
- 거리의 폭이 1~5m로 좁아 만성적인 교통 체증 및 수도, 하수도 체계의 부재 와 녹지 부재로 인해 심각한 위생 문제 야기
- 18세기에 들어서 파리의 도시 문제를 점차 인식, 공공 공간에 대한 필요성 제안

- 1832년과 1848년 콜레라 유행병 확산으로 도시 황폐화, 산업혁명으로 인한
  도시 과밀화로 심각한 주택 부족 문제 발생
- ▣ 도시 재생 과정
- 1848년 2월 혁명 이후 대통령으로 당선된 루이나폴레옹 보나파르트(나폴레
  옹의 조카)는 런던의 넓은 거리, 광장, 공공 공원에 감명받아 이를 파리에도
  적용하고자 함
- 1852년 제위에 오른 나폴레옹 3세는 오스만에게 파리의 문제를 해결하기
  위해 파리의 다른 지역을 하나로 연결, 통합하고 통일된 공간을 만들 것을
  지시
- 이전의 신도시 건설은 군주의 영광을 드러내기 위한 아름다운 도시 건설에
  치중했으나 오스만은 도시 기반 시설부터 도로 체계, 녹지 조성, 미관 관리,
  도시 행정에 이르는 모든 것을 고려
- 오스만은 파리의 남북을 잇는 대로를 연결하는 두 개의 가로수길 스트라스
  부르(Strasbourg)와 세바스토폴(Sebastopol)을 완성
- 프랑스 의회에서 5,000만 프랑의 투자금을 받고, 크레디 모빌리에 투자은행
  에 부동산 개발권을 대가로 2,400만 프랑을 모금하여 회사를 조직, 훗날 지
  어진 모든 대로의 모델이 됨
- 1855년의 만국박람회를 기념하여 파리의 중심 거리인 리볼리가(街)가 완성
  되고, 리볼리가와 생앙투안가 사이에 교차로가 생김
- 포화 상태였던 중세 건물들의 철거, 넓은 도로 및 새로운 공원과 광장 건설,
  파리 주변 교외의 합병, 수로 건설 등이 진행
- 오스만은 1870년까지만 담당하였으나 프로젝트는 1927년까지 계속됨

3) 그랑 파리 프로젝트

- ▣ 배경과 목적
- 19~20세기 초 이래 파리의 공간적 고착화와 글로벌 도시 기능의 한계 인식
- 올림픽 유치에 실패, 소규모로 나뉘어 있는 지방자치단체 시스템을 글로벌

경쟁력 한계의 원인으로 인식함

■ 그랑 파리 추진 역사

- 2007년 9월 사르코지 대통령이 그랑 파리(Le Grand Paris)를 제안함
- 2008년 3월 전 세계에서 10개의 프로젝트 참가팀을 선정
- 2009년 4월 프로젝트 제안서 접수 및 대국민 공람
- 2009년 11월 프로젝트 최종 결정 및 실행

■ 프로젝트 내용

① 파리와 3개 지방을 포함한 메트로폴리탄 구성
② 일드프랑스 경계 구성 가능성
③ '그랑 파리' 내부에 교통 허브 조성
④ 지속가능한 그린시티 구현
⑤ 삶의 질 향상을 위한 도시, 매력적인 도시 구현

■ 그랑 파리 시사점

- 단핵구조의 도시에서 다핵구조의 도시로 변화를 모색함
- 환경을 고려한 녹색 성장을 염두에 둔 개발
- 광역 메트로폴리탄을 통하여 탄력적인 공간 개편

4) 21세기 도시 재생 프로젝트: GPRU, NPNRU

- 2008년 ANRU(l'Agence Nationale pour la Rénovation Urbaine, 국가도시재개발청)에서는 PNRU(Programme National de Renouvellement Urbain, 국가도시재생프로그램) 산하의 GPRU(Grand Projet de Renouvellement Urbain, 대규모 도시재생계획) 프로젝트 4개를 지원하기로 결정
- GPRU 프로젝트의 목표

① 주민의 생활 여건 개선
② 통합과 경제 개발
③ 인근 지자체와의 협력 개발
④ 지역 주민의 권리 접근 향상을 위한 도시 재확보

- 이 프로젝트는 11개 지역 주민과 7개 자치구(12, 13, 14, 17, 18, 19, 20)에 걸쳐 거의 20만 명의 주민을 대상으로 함(530ha, 파리 지역의 5%)
- 프로젝트 의제: 생활환경 개선, 공동 생활, 고용 개발, 안전 및 청결을 위한 조치, 주변 지자체와의 교류
- 2014년 13구와 20구의 프로젝트 신설로 총 13개 지역으로 확대
- 2014년 2월 대통령 올랑드는 도시 결합을 위한 새로운 국가 프로그램 실현을 위해 ANRU 위임, 사회적 응집력, 생활환경, 도시 재개발, 경제 발전, 고용 문제를 다룸
- ANRU는 이를 실현하기 위해 파리의 5개 지역을 선정:
① 20구의 포르트 드 바뇰레
② 13구의 베디에-우딘-체발레트
③ 18구의 구테 도르 남단
④ 18구의 클링컨쿠르-포아송니에스-오베르빌리어스
⑤ 19구의 오르간 드 플랑더
- 2017년 체결된 연구 계획과 엔지니어링 자원의 공동 재원 조달을 위한 조약 체결에 따라 파리시는 2002년 GPRU에서 시작된 4개 지역 개조와, 19구의 오르간 드 플랑더와 넓은 지역에 대한 새로운 도시 재개발 프로젝트도 착수하게 됨

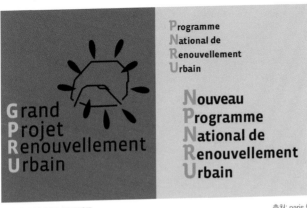

• 파리 도시 재생 프로젝트

출처: paris.fr

5) 파리 지역구별 개발 프로젝트

- 11개 지역 주민과 7개 자치구(12, 13, 14, 17, 18, 19, 20)를 대상으로 함
- 530ha 면적이며 파리 지역의 5%를 차지함

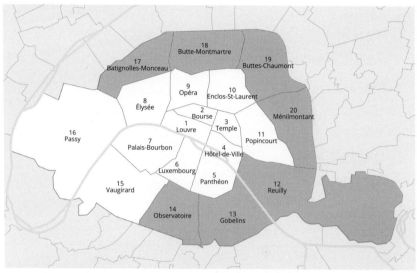

• 파리 지역구별 개발 프로젝트

출처: shutterstock

지역구	지역
12, 20구	포르테 드 벵센
13구	베디에-포르테 드 이브리-부투
	올림피아드
	폴 보겟
14구	플레져-포르테 드 바브스-브루사이스
17구	푸셰 문
18구	포르테 몽마르트르-클링컨쿠르-포아송니에스
	파리 남동쪽
19구	레지던스 마이클렛
20구	세인트블라이즈
	포르테 드 몽트뢰
	피톤 듀베르노와
	포르테 드 릴라

2. 일드프랑스 2030

■ 프랑스 정부가 아닌 파리 중심 지역인 일드프랑스에 파리 도시 정책 수립의
우선권을 부여함
■ 다양한 환경 및 제도적 변화를 위하여 법적, 제도적 변화를 주었으며 하위
계획들의 여러 내용 관련 법 및 규칙들이 개정되었음
■ 계획 수립의 목적
① 글로벌, 국제 도시 조성
② 친환경 에너지 도시
③ 경제적으로 매력이 있는 도시
■ 계획 수립의 목표
① 삶의 질이 향상되는 도시-주택 7만 채를 건설할 계획
② 국제 도시로서의 지위 제고

구분	내용
1. 지속가능한 일드프랑스에 대한 도전	- 사회적 지역적 평등 제고 - 기후변화와 화석연료 변화의 대응 - 세계 중심성을 위한 일드프랑스 개발
2. 지속가능한 일드프랑스를 위한 목표	- 모든 주민에게 주택 제공을 위하여 연간 7만 채 주택 건설 - 질 높은 시설물과 서비스 제공 - 자연자원의 보존, 복구, 활용 - 일자리 창출과 경제 활동 진작
3. 일드프랑스 정비를 위한 기본 방향	- 레지옹 공간계획 및 전략적 우선적 개발 지역
4. 협력적 진행	- 레지옹, 국가, 지방자치단체 거버넌스 구축 - 지역 정비와 교통 토지 이용 문제 확인 - 계약 방식에 의거한 정책 동원
5. 추진 및 평가	- 파트너십에 기초한 평가 주체 - 광범위한 분야의 정책 고려 - 주민참여

출처: 프랑스 수도권 광역계획(SDRIF 2030)의 성격과 시사점

■ 계획의 주요 내용은 외곽 지역의 개발에 초점을 맞추고 있음
- 센강 지류를 대상으로 한 수변 공간 개발
- 승용차 통행량을 줄이고 화물, 선박의 물류 처리 확대
- 도시권 경계부를 넘어 외곽까지 개발 효과를 공유하는 데 초점을 둠

조르주외젠 오스만 – 현대 파리 도시를 만든 시장(1809~1891년)

1) 인물 개요

■ 조르주외젠 오스만(Georg-es-Eugéne Haussmann)은 1853년 파리 지사로 임명받았으며 파괴의 예술가라는 평가를 받음

■ 나폴레옹 3세가 주도한 파리 개조 사업에 큰 공헌

■ 건축이나 도시계획을 전공하지 않은 행정가로 20년간 파리시를 개조하였음

■ 도시를 하나의 유기체로 보고 최초로 도시 전체를 체계적으로 건설하는 시도

• 조르주외젠 오스만*

■ 황제의 전폭적 지지 아래 엄청난 추진력으로 약 10년 만에 중세 도시 파리와 전혀 다른 근대화된 파리를 창조

■ 나폴레옹은 회고록에서 오스만을 '이 시대의 가장 비범한 사람'이라고 묘사

■ 도시 개조 사업에 드는 막대한 비용 등의 문제로 공화당의 비판을 받다가 결국 황제에 의해 1870년에 직위 해제당함

2) 업적

■ 파리의 근로자들을 위한 최초의 보조 주택 건설 사업을 지지

■ 파리 주변 지역을 파리시에 편입시켜 20개의 행정구역으로 확장

■ 도시 공공 인프라 조성

① 공공장소 - 공공 광장, 시민공원

② 상하수도 - 하수도 570km, 상수도 1,550km 확장

③ 인프라 - 기차역, 오페라 극장, 학교, 교회 등

④ 대로 - 에투알 개선문을 중심으로 12개의 방사형 대로를 확장함

■ 2만 7,000채의 주택 철거를 통하여 10만 채의 주택을 재건설하였으며 녹지 공간의 확대로 시민들의 여가 공간을 확장함

■ 파리 중심부의 거리 계획과 외관은 전부 이 시대 도시 재생의 결과물임

■ 비판점은 지나친 규격화로 인해 건물 및 층별 높이, 지붕 모양, 창문 크기 등이 크게 제약을 받았으며 무분별한 개발로 인해 도시가 파괴되었다는 것

■ 도시 개발 이익의 부당 취득으로 인해 결국 파리 시장직을 사임함

1) 인물 개요

- 르 코르뷔지에(Le Corbusier)는 스
위스 출신으로 시계 문자반에 칠을
하는 칠공인 아버지와 음악 선생인
어머니 사이에서 1887년에 태어남
- 1900년 공예학교에서 그림을 배우
며 화가의 꿈을 키우던 중 그의 재
능을 알아본 스승 샤를 르 레플라
트니에(Charles L'Eplattenier)의 권유
로 건축가의 길로 들어서게 됨

• 르 코르뷔지에　　　출처: news.joins.com

- 1907년경 파리로 가서 프랑스 철근
콘크리트의 선구자인 오귀스트 페레의 사무실에서 일하게 됨
- 1910년 10월에서 1911년 3월 사이에는 당시 저명한 독일 건축가였던
페터 베렌스의 사무실에서 일하면서 건축을 공부
- 1911년, 발칸 반도를 여행하면서 그리스와 터키를 방문, 자신이 본 많
은 것들을 그림으로 남김
- 제1차 세계대전 시기 약 4년간 스위스 모교인 라쇼드퐁 미술학교에서
강의를 하는 한편 현대적인 기술을 사용한 이론적인 건축을 연구함
- 서른 살이 되던 해인 1917년 프랑스 파리에 머물기 시작하면서 건축
가로서의 본격적인 행보 시작
- 1918년에서 1922년 사이에는 아무 건물도 짓지 않고 순수주의 이론과
회화에만 주의를 기울이다가 1922년, 사촌 잔느레와 함께 파리의 세브
르가 35번지에 작업실을 엶
- 프랑스 당국이 파리 빈민가의 해악이 늘어가는 것에 적절히 대처하지

못하자 르 코르뷔지에는 도시 주택 위기에 대한 대응책으로 많은 사람
에게 주거를 제공할 효과적인 방책을 모색
■ 자신의 새롭고 현대적인 건축 형태가 하층 계급 사람들의 삶의 질을
끌어 올리는 새로운 구조적 해결책이 될 수 있다고 생각하였으며 밀집
도시 거주자들의 생활환경을 개선하기 위해 노력함
■ 1965년 심장 발작으로 사망하기 전까지 약 80년의 생애를 지나오는
동안 왕성한 창작 활동을 펼쳐 왔으며 그 가운데 건축 분야에서의 업
적은 단연 독보적

2) 업적
(1) 돔이노(Dom-ino) 주택(1914~1915년) 계획안
- 1차 세계대전 이후 폐허가 된 도시에 적은 자본으로 집을 효율적으로
짓기 위해 르 코르뷔지에가 고안한 시스템
- 자동차 뼈대 구조에서 아이디어를 얻어 발명
- 얇은 바닥판, 판을 지탱하는 기둥(철근과 콘크리트), 오르내릴 수 있는
계단을 집의 구조로 삼아 간편하고도 실용적인 건축 방식 고안
- 10년 동안 자신의 대부분의 건축 설계를 이 설계안을 기초로 진행

(2) 이뫼블 빌라(Immeubles Villas)(1922년)
- 세포와 같은 공동 주택들이 모인 집합 건물을 제시한 기획
- 거실, 침실, 부엌과 정원 테라스를 포함

(3) 현대 도시(Ville Contemporaine) 계획안
- 몇 개의 주거 집합 건물을 설계한 뒤 전체 도시에 대한 연구로 방향 돌림
- 직사각형 모양의 공원 같은 넓은 녹지 안에 거대한 유리 커튼월로 둘

러싸인 강철 뼈대 구조의 60층짜리 사무용 빌딩들을 세움
- 한가운데를 교통의 중심으로 삼아 각각의 층에 철도역과 버스터미널, 고속도로 교차로가 위치하며, 맨 위에는 공항이 위치(상업용 여객기가 거대한 고층건물들 사이에 착륙할 수 있다는 비현실적인 생각)
- 중앙 고층건물의 외부에는 주민들이 살 수 있는 더 낮은 층의 지그재 그 모양 집합주택들을 배치
- 센강 북쪽 파리 중심부의 대부분을 밀어 버리고 그 자리에 직각의 격 자형 도로와 공원 같은 녹지 위에 십자형의 60층 고층건물들을 배치할 것을 주장
- 당시 많은 비판을 받았으나 도시 대부분의 비좁고 불결한 환경에의 대 처에 대한 담론을 불러일으킴

(4) 근대 건축의 5원칙

① 필로티(pilotis)
- 필로티(철근콘크리트 기둥)로 건물 전체를 지탱하고, 1층은 비워 두는 구조
② 옥상 정원(roof garden)
- 건물 옥상에 정원 같은 녹지 조성
③ 자유로운 평면(free plan)
- 건물 내부를 개방형 평면으로 구성한 뒤, 칸막이 벽 등을 활용하여 독 립된 방들을 두는 방식
④ 자유로운 파사드(free facade)
- 건축물을 지탱하는 구조체를 파사드 후면에 배치하는 방식
⑤ 연속적인 수평창(Ribon Windows)
- 가로로 긴 창을 건물에 연속적으로 배열하여 채광을 높이고, 거주자가 창밖 풍경을 탁 트인 파노라마 뷰로 즐길 수 있게 함

3) 대표작

■ 미적인 부분에 치중하기보다는 '인간을 위한 건축'을 지향하며 시대적 환경에 따른 건축의 요구에 알맞은 답을 제시함

(1) 잔느레 페레(Villa Jeanneret-Perret)

– 1923년, 부모님을 위해 지은 집으로 거주의 본질에 충실한 주택

• 잔느레–페레 외관*

(2) 사부아 저택(Villa Savoye)

- 1928년, 현대 건축의 기본 원칙을 완벽하게 구현한 현대식 주거 저택

• 사부아 저택 외관*

(3) 롱샹 성당(Ronchamp)

- 1955년, 건축가의 성지라 불리는 혁명적 건축물

• 롱샹 성당*

(4) 바이센호프 주택 단지(Weissenhof Estate)

- 건축의 본질이 '인간'에 있다고 생각, 거주자가 가장 살기 편안한 구조를 이룩하는 데 큰 노력을 기울인 결과물로 독일 슈투트가르트에 조성된 주택 단지
- 동선을 최대한 줄이고 환기와 채광에 신경 썼으며, 실제 거주에 불필요한 공간들을 과감히 배제함으로써 건설 비용과 관리 비용을 절감

• 바이센 호프 주택 단지*

4

파리의 주요 랜드마크

1. 루이비통 재단 미술관

프랭크 게리가 설계한 유리 돛 모양의 현대 미술관

1. 프로젝트 개요

■ Foundation Louis Vuitton. 세계적인 건축가 프랭크 게리(Frank Gehry)가 설계, 2014년 10월 개장

※ 프랭크 게리: 빌바오의 구겐하임 미술관과 LA의 월트 디즈니 콘서트홀, 뉴욕 타워 등을 건축

■ 유리 조각으로 이루어진 외관과 현대적인 설치 작품들로 파리의 새로운 랜드마크로 떠오르고 있음

■ 20세기와 21세기의 유명 작가와 신예 작가들, 우리에게는 익숙하지 않지만 세간의 이목을 끌었던 작가들의 작품을 집중적으로 수집

- 현대 미술을 대표하는 장미셸 바스키아, 길버트 & 조지, 제프 쿤스의 작품 등이 있음

구분	내용
위치	8 Avenue du Mahatma Gandhi, 75116 Paris, 프랑스
시행 면적	총면적 3,500m²
건축가	예술감독 수잔 파제, 설계 프랭크 게리
예산	예산 1억 유로, 실제 건설 비용 약 7억 유로(약 9억 달러)
추진 일정	2006년 개장
용도	루이비통 재단 예술 컬렉션 전시
특징	- 대형 유리판들을 휘어 각을 세워 만든 유리 돛 모양 외관이 특징 - 지상의 11개 상설 전시실, 지하의 특별 전시실과 1층의 레스토랑, 기프트숍, 서점, 대강당, 옥상 야외 테라스로 구성

• 루이비통 재단 미술관 외관

2. 디자인 특징

■ 프랭크 게리가 루이비통 재단의 초대를 받아 아클리마타시옹 공원(Jardin d'
　acclimatation)에 방문한 후 공원의 유리 구조물에서 영감을 받아 설계

■ 12개의 돛을 형상화한 건축물은 아클리마타시옹 공원의 대자연을 캠퍼스로
　자유분방하게 세워 놓은 포스트 모던 건축의 표상

- 대형 유리판들을 휘어서 각을 세워 만든 유리 돛들은 서로 아름답게 조화를
　이루고 있으며, 마치 여러 개의 조각품들을 연합하여 빚어낸 것처럼 보임.
　돛 모양의 구부러진 외관을 구현하기 위해 3,584개의 특수 강화유리 조각
　사용

- 프랭크 게리가 직접 디자인한 도안에 맞춰 특수 제작된 구부러진 유리판으
　로 제작한 최첨단 건축이었고, 건축계의 혁신이며 혁명이라고 볼 수 있음

• 루이비통 재단 미술관 내부

• 지하에 설치된 올라퍼 엘리아슨의 작품

2. 루이비통 복합 문화 공간

파리의 새로운 문화적 상업적 랜드마크

1. 프로젝트 개요

- 프랑스 명품 브랜드 루이비통(Louis Vuitton)이 파리 본사 오피스 및 인근 부지의 재개발을 통해 파리의 새로운 문화적 상업적 랜드마크를 조성함

- 프로젝트는 파리 본사 오피스를 중심으로 진행되었으며 주요 시설로는 사마리텐(Samaritaine) 백화점(2021년 오픈), 최고급 부티크 호텔인 슈발 블랑(Cheval Blanc) 호텔(2021년 오픈) 및 문화 복합 공간인 LV Dream(2022) 등으로 구성됨

- 이러한 대규모 재개발은 파리의 새로운 랜드마크로 자리매김했을 뿐만 아니라 명품 브랜드가 도시 재생과 문화적 발전에 기여하는 새로운 사례로 주목받고 있음

2. 사마리텐 백화점

- 프랑스의 명품 그룹 LVMH(루이비통모에헤네시)가 소유한 파리의 대형 백화점이며 루이비통 파리 본사를 대규모 복합 상업 단지로 만들기 위한 프로젝트의 일환으로 2021년 개장했음

- 1870년대에 개장한 현대식 백화점의 시초로, 파리의 상징적인 쇼핑 장소로 사랑받다가 2001년에 LVMH 그룹의 소유가 되었지만 2005년 안전 기준을 충족하지 못해 일시적으로 문을 닫았고, 17년간 1조 원을 투자하여 리노베이션 끝에 현재의 사마리텐 백화점이 탄생했음

- 연면적 2만m² 규모의 사마리텐 백화점에는 LVMH의 주요 명품 브랜드를 포함하여 약 600개의 패션, 뷰티 및 리빙 브랜드 매장이 입점해 있으며 인근 부지에는 5성급 부티크 호텔인 슈발 블랑 파리, LV DREAM 박물관, 현대 미술 전시 공간, 레스토랑, 카페 등이 있음

• 사마리텐 백화점 외관

• 사마리텐 백화점 실내 전경

• 사마리텐 백화점 실내 전경 및 인테리어 작업 모습

3. 슈발 블랑 파리

■ 사마리텐 백화점 내에 위치한 5성급 럭셔리 호텔로, 루이비통의 자매 브랜드인 슈발 블랑 호텔 브랜드에서 이름을 따 와 명명되었고 2021년에 오픈했음

■ 세련되고 고급스러운 객실 인테리어를 자랑하며 72개의 객실 중 46개의 객실이 스위트룸으로, 대부분의 객실에서 센강이 내려다 보이는 전망을 자랑함. 파리의 중심부에 자리 잡고 있어 노트르담 대성당과 에펠 탑이 포함된 전망을 감상할 수 있음

■ 호텔 내에 미슐랭 스타 레스토랑인 르 슈발 블랑(Le Cheval Blanc)이 있어 고급스러운 식사를 즐길 수 있고 바와 라운지, 스파, 수영장 등 다양한 편의 시설을 갖추고 있으며 곳곳에 전 세계 예술가들의 작품이 전시되어 있는 것도 슈발 블랑 파리만의 특징임

• 슈발 블랑 파리 외관

4. 루이비통 드림 박물관

■ 루이비통이 파리에 조성한 문화 복합 공간으로 퐁뇌프(Pont-Neuf) 2번가 소재 루이 비통 파리 본사에 위치하며, 2022년에 오픈함

■ 160년 이상의 루이비통 브랜드 역사와 디자인 혁신, 전통을 기념하는 공간으로 루이비통의 역사적이고 창의적인 작품들과 인터랙티브 전시 등으로 전 세계적인 명품 브랜드의 가치를 직접 경험할 수 있음

■ 1,800m² 규모에 9개의 전시 공간으로 구성된 LV 드림에서는 루이비통 브랜드의 시초와 미래, 유산과 현대성, 노하우와 혁신 간의 끊임없는 브랜드 스토리를 살펴볼 수 있으며 정기적으로 개최되는 문화 행사와 워크숍에 참여하여 브랜드의 창의성과 예술적 유산에 대해 깊게 알아볼 수 있으며 전시는 루이비통 홈페이지를 통해 사전 예약 후 무료로 관람 가능

■ 카페 겸 초콜릿을 제조하고 판매하는 전문 상점인 쇼콜라트리는 자연과 열대 식물이 어우러진 조경 속에서 휴식을 즐길 수 있도록 했으며 특히 파리 슈발 블랑 호텔의 수석 제빵사인(파티시) 막심 프레데릭이 만든 루이비통의 로고가 담긴 케이크, 페이스트리, 초콜릿 등의 고급 디저트와 음료를 즐길 수 있음

• 루이비통 드림 내 전시품

3. 케 브랑리 박물관

문명과 예술의 조화를 이룬 국립 인류사의 보고

1. 프로젝트 개요

- Musée du Quai Branly. 유럽을 제외한 아시아, 아프리카, 오세아니아 및 아메리카 대륙의 고유한 예술과 문화를 다루는 것을 특징으로 하는 박물관
- 파리의 주요 박물관 중 가장 최신 박물관으로, 역대 대통령 취임을 기념하여 건설된 미테랑 박물관, 루브르 박물관과 연계
- 총 45만 점의 작품들을 보유하고 있으며 그 중 3,500점 상설전시 진행
- 박물관 소장품뿐만 아니라 타 기관의 작품이나 개인 소장품도 전시
- 프랑스 문화부와 고등 교육 연구부가 공동으로 관리하며 박물관 및 연구 센터 역할 수행
- 연평균 115만 명(2016년) 방문

구분	내용
위치	37 Quai Branly, 75007 Paris, 프랑스
시행 면적	총면적 25,000m²
시행사	건축가 장 누벨(Jean Nouvel)
추진 일정	2001년 건설 시작/2006년 개장
용도	인류역사박물관
특징	- 공개적이고 포괄적인 느낌을 주기 위해 장벽과 난간을 없애고 자유롭게 출입할 수 있도록 박물관 내부를 디자인 - 4개 대륙의 전시 간 물리적 장벽이 없기 때문에 방문객은 여행하는 기분을 느낄 수 있음

• 케 브랑리 박물관 외관

2. 박물관 역사

■ 프랑스의 대통령이 취임 기념으로 박물관을 건축하는 전통에 따라, 제22대 자크 시라크(Jacques Chirac) 대통령 취임을 기념하여 박물관 프로젝트가 진행
■ 자크 시라크가 파리 시장으로 재임할 당시, 많은 지식인과 학자들이 비유럽 사회의 예술과 문화를 전담하는 기관을 모색하던 아이디어에 주목하여 1995년 대통령 당선 후 박물관 창설 발표
■ 1999년 경쟁을 통해 건축가 장 누벨 선정
■ 2001년 건축을 시작하여 2005년 완공, 2006년 개장

• 박물관 내부 소장품

3. 디자인 특징

- ◼ '문화의 무한한 다양성에 기여할 수 있는 고유 장소'를 만들기 위해 공개적
이고 포괄적인 느낌을 주도록 고안
- ◼ 박물관 공간에 장벽과 난간을 포함하지 않고 서양 건축물에서 유물에 자유
로운 접근이 가능하도록 박물관 내부 디자인
- ◼ 4개 대륙의 영역을 구분하는 물리적 장벽이 없으므로 방문객이 대륙을 이동
할 때마다 여행하는 느낌을 받을 수 있음

• 찰스 샌디슨, 〈강〉

4. 프롬나드 플랑테
폐선된 철도를 도시 속 산책 공원으로

1. 프로젝트 개요

- Promenade Plantée. 파리 12구역에 위치한 버려진 고가철도 위에 지어진 4.7km 길이의 선형 공원
- '나무가 늘어선 길(Tree-lined walkway)'이라는 뜻을 가지며, 쿨레 베르트 (Coulée verte, 초록 오솔길)라고 불리기도 함
- 110년간 운행 후 1969년 폐선된 뱅센선을 도심 속 산책로로 바꾼 사례

구분	내용
위치	1 Coulée verte René-Dumont, 75012 Paris, 프랑스
시행 면적	길이 4.7km
시행사	조경 건축가 자크 베르젤리, 건축가 필리프 마티외가 설계
추진 일정	1986~1993년
용도	선형 공원
특징	오래된 뱅센 철도 노선을 따라 펼쳐지는 광범위한 녹지대

• 프롬나드 플랑테 길

2. 개발 경과

- 1859년까지 이 지역은 바스티유역에서 뱅센을 거쳐 베르뇌유레탕을 지나던 옛 뱅센 철도로 이용됨
- 1980년대 들어 해당 지역의 재생 사업이 시작됨
- 1982년 프랑스 정부가 바스티유 광장에 새로운 오페라 건물을 건립하기로 결정함에 따라 바스티유역이 철거되고 바스티유 광장까지 연결되는 산책로 조성 계획 수립
- 프롬나드 플랑테 또한 같은 시기에 바스티유와 옛날 파리의 초입인 몽탕푸 아브르 문 사이의 버려진 철도 구간을 재사용하기 위해 건설 시작

■ 1985년 프랑스 국유철도회사(SNCF)는 모든 화물 운송 활동 재편성을 위해 뢰이 기차역을 포기, 파리시는 이 지역을 개발중점권역(Z.A.C. Reuily)으로 설정함

- 이에 따라 대부분의 프로젝트가 프롬나드 플랑테 주변에 계획됨과 동시에 많은 주거와 공공 공간들이 파리 동쪽에 건설되기 시작함

• 프롬나드 플랑테 길

3. 개발 성과

■ 옛 건물을 함부로 허물 수 없는 파리의 까다로운 법 조항과 이미 포화한 도시 공간에서 새로운 녹지 공간을 확보하는 일은 매우 어려운 일이었으나, 이러한 개발 계획으로 기존의 철도 구조물을 그대로 보존하면서 도심에 녹지 공간을 확보할 수 있었음

- 상부는 산책로 및 정원으로, 하부는 예술가들과 수공업자들의 작업 공간으로 활용되어 전혀 다른 개념의 두 공간이 한 공간 내에 조화되는 입체적인 공간 탄생
◼ 프롬나드 플랑테를 포함하는 주변 지역이 협의개발지구로 계획·개발됨에 따라 초기 설정하였던 목표보다 훨씬 활성화됨(주거: 800대→1,043대, 상업: 2만m²~2만 3,000m², 업무: 6만 5,000m²~6만 7,000m²). 체육관, 보육원, 경찰서 추가로 건설
◼ 프롬나드 플랑테가 조성된 이후, 이 개념을 도입한 유사한 공원들이 곳곳에서 조성되고 있음
- 맨해튼 첼시 지역의 오래된 고가교에 조성한 하이라인(High line), 시카고의 블루밍데일 철로, 필라델피아 캘로힐의 폐선부지에서도 유사한 계획이 진행 중
- 1970년 만들어진 서울역 고가로를 폐쇄하여 2017년 재개장한 '서울로 7017 프로젝트' 또한 프롬나드 플랑테를 벤치마킹함

• 내부 산책로

5. 오르세 미술관

기차역을 세계적인 미술관으로

1. 프로젝트 개요

- Musee d'Orsay. 루브르 미술관, 퐁피두 센터와 더불어 파리의 3대 미술관 중 하나로, 센강 좌안에 위치
- 1900년부터 1939년까지 기차역으로 사용되었으나, 철도 영업 중단 이후 국가 주도로 조르주 퐁피두-지스카르 데스탱-프랑수아 미테랑 대통령에 걸쳐 재정비 사업 실행, 1986년 미술관 개장
- 1848~1914년의 근대미술을 대표하는 다양한 작품(회화, 조각, 건축, 장식 예술, 사진), 많은 인상주의 작품을 소장(약 259만 점)
- 오르세 미술관은 원칙상 1848년부터 1914년까지의 작품을 전시하도록 되어 있음. 1848년 이전의 작품은 루브르 박물관, 1914년 이후의 작품은 퐁피두 센터에서 담당
- 처음으로 사진을 예술로 인정하여 컬렉션에 포함시킨 최초의 미술관
- 2층에는 화려하고 디자인이 아름다운 '레스토랑(Le Restaurant)'이 자리하고 있음
- 2024년 인상파 등장 150주년을 기념해 '파리 1874, 인상주의의 발명'이라는 주제로 130여 점의 특별 전시회 개최

구분	내용
위치	1 Rue de la Légion d'Honneur, 75007 Paris, 프랑스
건축가	뤼시앵 마뉴, 빅토르 랄루, 에밀 베나르, 가에 아울렌티
추진 일정	1900~1939년 기차역으로서 기능, 1979~1989년 미술관으로 재생
용도	미술관(19세기 중반~20세기 초 작품 중심)
특징	- 귀스타브 쿠르베, 밀레, 마네 등의 유명한 프랑스 화가들의 작품 보유 - 같은 운영위원회에서 오랑주리 미술관과 함께 관리, 공동입장권 제공

• 오르세 미술관 외관

출처: kr.france.fr

2. 건축물 역사

■ 1900년 다섯 번째 파리 만국박람회를 앞두고 오를레앙 철도회사가 센강 좌측에 고급 호텔을 갖춘 기차역 건설

■ 뤼시앵 마뉴(Lucien Magne), 에밀 베나르(Emile Bénard), 빅토르 랄루(Victor Laloux)는 오르세역이 루브르 궁전을 포함한 고풍스러운 주변 건물들과 조화를 이루고 도시 경관을 해치지 않도록 하는 것을 목적으로 건설, 1900년 7월 14일 개장

■ 좀 더 편안하면서도 품위 있는 공간을 만들고자 했던 설계자들의 의도에 따라 오르세역은 시공 단계에서 이용된 철 구조물을 석회암 건축물로 가린 우아한 외관을 비롯해 경사로와 엘리베이터 등 새로운 기술을 갖춘 현대적인 내부로 구성

■ 1900년부터 1939년까지 오르세역은 프랑스 남서부로 향하는 오를레앙 철도의 기점으로서 중심적인 역할 수행

■ 1939년부터 철도 전기화와 더 이상 적합하지 않은 플랫폼 규격 등의 이유로 역할 제한, 이후 오르세역은 포로 수용소, 경매소 등으로 사용됨

■ 프랑스 정부 주도로 산업혁명의 퇴물로 방치되었던 옛 건축물을 철거하는 대신 역사적 기념물로 지정하고 재정비하여 미술관으로 재생

 - 1970년대에 들어서며 조르주 퐁피두 대통령을 필두로 1979년 발레리 지스카르 데스탱 대통령이 재정비 프로젝트 실행, 오르세역은 옛 기차역의 골격을 유지한 채 10년 가까이 내부 공간을 재건, 1986년에 개관

• 과거 기차역 풍경

출처: Musée d'Orsay

• 오르세 미술관 내부

• 오르세 미술관 내부

• 빈센트 반 고흐, 〈자화상〉(왼쪽), 밀레, 〈이삭 줍는 여인들〉(오른쪽)*

• 밀레, 〈만종〉(왼쪽), 마네, 〈풀밭 위의 점심〉(오른쪽)*

6. 라빌레트 공원

도살장과 육류 시장을 복합 문화 공간으로

1. 프로젝트 개요

- Park de la Villette. 1867년부터 1974년까지 도살장과 육류 시장이 위치하였던 곳으로, 1984년 도시 재개발을 통하여 공원 건설 계획이 세워진 이후 1987년 완공
- 파리에서 세 번째로 큰 공원
- 스위스 출신 프랑스 건축가 베르나르 추미(Bernard Tschumi)는 이전에 존재하지 않았던, 진공 상태에 존재하는 공간을 의도하고 설계하였으며 '점, 선, 면'의 개념을 활용하여 공원을 구상함
- 10개의 테마가든, 유럽 최대 규모의 과학 박물관, 3개의 주요 공연장, 파리 음악당이 위치
- 지역의 예술가와 음악가들이 전시와 공연을 제작하는 문화 표현의 장
- 공원 내 폴리(Folie)라 부르는 건축물 26개가 120m 간격으로 각각 다른 모양을 한 상태로 규칙적으로 배치되어 있음
- 폴리는 공원 이용자들이 각종 프로그램 및 이벤트 등의 공간으로 사용하라는 의도를 가지고 만들어졌으며 현재 전망대, 레스토랑, 숍 등 다양한 용도로 사용됨

구분	내용
위치	211 Avenue Jean Jaurés, 75019 Paris, 프랑스
시행 면적	55.5ha(555,000m²)
시행사	OMA 건설사(Office for Metropolitan Architecture) 베르나르 추미 설계
추진 일정	1984~1987년
용도	문화 공원
특징	- 1987년 완공된 이후 파리 시민과 해외 여행자 모두에게 인기 있는 명소 - 55ha 중 35ha가 야외 공간이며, 자연과 현대 건축, 어린이 및 성인 대상 문화 공간 및 극장과 놀이터, 활동 공간이 혼합되어 있음

• 라빌레트 공원 전경

출처: 구글어스

2. 개발 내용

- 1865년 루이아돌프 장비에르(Louis-Adolphe Janvier)가 건축한 라빌레트 소 (牛) 시장으로 시작하였으며 이는 기존 파리의 도축장 5개를 폐쇄한 뒤 세움
- 1867년부터 도살장과 육류 시장으로 사용되었으며 약 1만 2,000명의 종사 자들이 있었으나, 1974년 이전한 뒤 1984년 도시 재개발의 일환으로 공원 건설 추진
- 1950년대 가축 시장의 왼편에는 양 시장, 가운데는 소, 오른쪽은 돼지와 송 아지 고기 시장이 있었지만 이후 철거됨
- 1975년부터 라빌레트의 재생을 위한 프로젝트가 시작되어 1979년 공공기 관이 설립된 이후 라빌레트의 재생을 진행하였으며 1982년부터 1992년까 지 약 2억 달러를 투자함
- 1977년 지스카르 데스탱 대통령이 과학산업박물관을 포함하여 공원 조성을 기획하였으며 대공연장 그랑드 홀(Grande halle)을 문화재로 지정함
- 36개 나라의 건축가들이 공원 재생을 위하여 400개 이상의 작품을 출품하 였으며 이 중 베르나르 추미의 계획안이 당선

3. 주요 건축물

(1) 대공연장(La Grande halle de La Villette)

- 공원을 대표하는 랜드마크로 각 시기마다 대규모 문화 축제와 시민들을 위한 이벤트를 개최함
- 2007년 리노베이션을 통해 2010년 다시 개장하였으며 매년 2,800회가 넘는 공연을 진행함

• 대공연장 외관

(2) 과학산업박물관(Cité des Sciences et de l'Industrie)

- 유럽 최대 규모의 과학 박물관으로 과학의 역사와 발전상을 볼 수 있음

• 과학산업박물관 외관

(3) 파리 필하모닉(Paris Philhamonic)

- 장 누벨이 설계한 콘서트홀로 최대 3,600명의 관람객을 수용할 수 있으며 음악 박물관이 있어 다양한 전시품을 구경할 수 있음
- 오후 시간대에는 악기 레슨을 받을 수 있으며 다양한 콘서트 등을 볼 수 있음

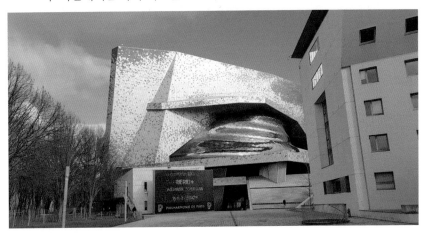

• 파리 필하모닉 외관

(4) 시테 드 라 뮈지크(Cité de la Musique)

- 파리 음악원과 악기 박물관이 있으며 크리스티앙 드 포르참파르크(Christian de Portzamparc)가 건설함
- 콘서트홀은 최대 1,600여 명의 관람객을 수용할 수 있으며, 무대 및 좌석을 각 상황에 맞게 이동 설정할 수 있음

• 시테 드 라 뮈지크 입구

(5) 제니스 파리(Zénith Paris)

- 매년 약 170개의 이벤트가 열리고 70만 명의 관람객이 찾는 콘서트홀로 최대 9,000명의 관람객을 수용할 수 있음
- 공연의 성격에 따라 무대 이동 및 재설정이 가능함

• 제니스 파리 외관

(6) 카바레 소바주(Cabaret Sauvage)

- 최대 1,200명을 수용할 수 있는 콘서트홀로 콘서트, 카바레 쇼, 서커스 등 매년 다양한 문화 활동이 진행됨

• 카바레 소바주 외관

(7) 빌 업(Vill up)

- 2016년 문을 연 쇼핑 센터로, 영화관, 레스토랑 등을 갖추고 있음
- 내부에는 실내 자유낙하를 해볼 수 있는 공간과 우주 가상 체험을 할 수 있
  는 공간이 마련되어 있음

• 빌 업 외관

(8) 폴리(Folie)

- 해체주의자인 베르나르 추미가 만든 10m 규격의 빨간 구조물로 120m×
  120m 간격으로 26개가 반복적으로 놓여 있음
- 각각의 구조물이 일정한 규격을 지니고 있지만 각 폴리마다 계단, 지붕 등
  다양한 형태의 요소가 결합되어 있음
- 공간 전체가 점, 선, 면의 공간 요소를 이용하는데 이 중 폴리는 점의 개념을
  맡고 있으며 보행자들의 산책로가 선의 개념을 맡고 공원 내 광장과 스포츠
  그라운드가 면의 개념을 맡음
- 폴리 자체에는 의미가 부여되지 않았지만 건물은 상업적 용도, 콘서트홀 등

다양한 용도로 사용되고 있으며 다양한 시각적인 요소로 작용됨

- 공원의 방문객을 위한 이정표이자 방향성을 알려주는 역할을 함

• 라빌레트 공원 내 폴리(위)와 공원 안내소로 사용되는 폴리(아래)

7. 파리 하수도 박물관
파리 하수 처리 시설의 역사를 한눈에

1. 프로젝트 개요

- Musée des Egouts de Paris. 고대부터 오늘날까지 파리의 하수 처리 시설 역사를 살필 수 있는 박물관으로 1867년 설립
- 유럽 하수도 관광의 효시로 꼽힘
- 나폴레옹 3세에 이르러 파리 시내 재개발을 통해 벨그랑(Belgrand)이라는 토목 기술자가 근대적 모습의 하수도를 설계함
- 파리 시내에는 약 2,100km의 하수도망이 있으며 하수도망에도 지상과 같은 이름과 번지수를 사용하며 500m가량의 지하 터널을 따라 다양하고 흥미로운 시청각 자료 전시
- 마네킹 모형 시설을 이용하여 하수 처리 시설 관리 작업을 재현하여 하수도 노동자의 역할과 하수 처리 방법에 대해 이해하기 쉽게 전달함
- 유럽 국가 중 하수도 시설이 가장 잘 발달한 파리 지하의 모습을 경험할 수 있음
- 1889년 하수도 박물관 투어가 시작되었던 당시에는 배와 마차를 이용하여 매월 두 차례 투어가 가능했음

구분	내용
위치	93 Quai d'Orsay, 75007 Paris, 프랑스
시행 면적	하수도 터널 길이 2,100km
추진 일정	1370년 첫 하수도 건설/1867년 박물관 설립
용도	박물관, 파리 하수도의 역사와 구조 정보 전달
특징	- 고딕 양식의 아치와 터널로 이루어진 독특한 하수도 시스템 - 시계, 반지 등 하수도에 빠뜨린 분실물을 신고하면 해당 주소로 돌려주는 독특한 시스템이 있음

• 파리 하수도 박물관 내부*

8. 생카트르

장례식장을 복합 문화예술 공간으로

1. 프로젝트 개요

- Cent Quatre. 프랑스어로 숫자 104를 뜻하며, 예술적 삶과의 통합을 꾀하는 사회 문화적 기업을 위한 비즈니스 창업 보육 센터
- 현대 미술 전시회를 정기적으로 개최, 춤과 기타 예술 등 파리 청소년들의 시청각 활동을 위한 모임 장소로 자리 잡음
- 아티스트를 위한 아틀리에뿐만 아니라 지역민을 위한 다양한 공간과 예술 프로그램 들이 마련되어 있음
- 생카트르는 법으로 '문화 협력을 위한 공공기관'으로 제정되어 있으며, 지방 정부가 무기한 관리함

구분	내용
위치	104 Rue d'Aubervilliers, 75019 Paris, 프랑스
시행 면적	바닥 면적: 36,800m^2, 전시 공간: 25,000m^2
시행사	1874년: 빅토르 발타르 2008년: 아틀리에 노방브르 건축사무소
추진 일정	최초 건설 1874년, 1997년 재건축, 2008년 재개장
용도	복합 문화예술 공간, 전시뿐만 아니라 다양한 예술 활동이 이루어짐

특징	- 복합 문화예술 공간의 가치를 확장시킨 성공적인 모델로 평가받고 있음
	- 운영시간
	  화~금요일 12:00~19:00 / 토~일요일 11:00~19:00
	  월요일 휴관

• 생카트르 외관

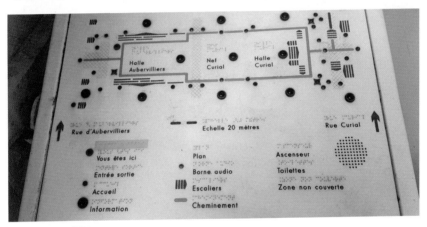

• 생카트르 내부 배치도

2. 개발 내용

■ 19개의 창작 아틀리에에서 예술가들이 작품을 만들어 내며, 모든 아티스트
들은 일주일에 1회 이상 일반인에게 아틀리에를 개방하는 오픈 스튜디오의
의무가 있음

■ 19구 지역 주민들과 정기적으로 공동 작업을 하며, 대부분의 문화 공간이 예술적인 부분을 강조하는 데 비해 이곳은 사회적인 부분을 강조하여 문화예술 향유를 통한 지역민과의 관계를 중시함

■ 2010년 디렉터로 조제마뉘엘 곤살베스가 부임하며 더욱 활성화되고 있음
  – 연극, 춤, 시각예술, 현대 서커스까지 공연하며, 연간 3,000명의 아티스트가 참여하고 150만 관객이 방문함

■ 시에서 재보수 비용 1억 1,000만 유로를 100% 지원하였으며, 건물의 연간 운영비 1,200만 유로의 75%를 지원함

• 생카트르 내부

• 지역 주민들에 대한 춤 강연회

• 생카트르 복합 문화예술 공간

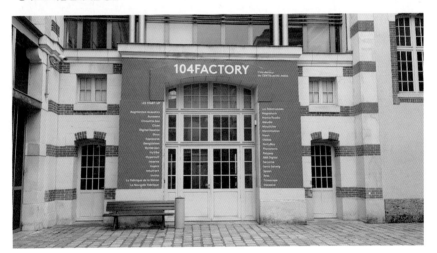

• 생카트르 스타트업 커뮤니티

9. 리브 고슈
단절된 공업 지역을 상업 주거 복합 시설로

1. 프로젝트 개요

- Rive Gauche. 1991년 시행된 파리 주도의 파리 13구 좌안지구 개발 프로젝트로, 파리의 강서 지역 주변, 프랑스 국립도서관 주변의 오스테를리츠역과 마세나 거리 사이 일대를 재개발하는 사업
- 파리 센강의 왼쪽 강둑에 위치한 지역으로, 리브 고슈는 '왼쪽 강둑'을 의미함
  - '오른쪽 강둑'은 센강의 오른쪽에 위치한 뱅센 12구로, 리브 드루아(Rive Droite)라고 불림

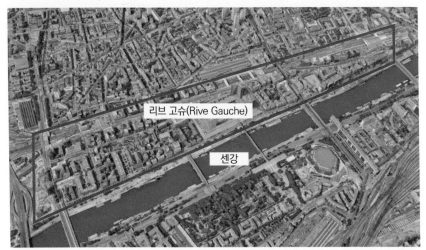

• 리브 고슈 전경

출처: 구글어스

구분	내용
위치	파리 13구
시행 면적	총면적 210,000m²
시행사	세마파(Semapa, 민관혼합회사)
추진 일정	1724년 도시구획 정비 시작, 1980년 도시계획 시작
용도	주거, 예술, 교육, 오피스 등
특징	파리 도시 개발 사상 가장 넓은 지역에 해당되는 대규모 재개발 계획

2. 개발 경과

■ 1860년대에 파리 13구는 파리의 최외곽, 도심에서 멀리 떨어진 변두리 지역
으로 폐쇄된 창고와 거의 사용되지 않는 철로 등 쇠퇴해 가는 소규모 기업들
이 주로 자리 잡고 있었음

• 리브 고슈 아파트

■ 1980년대 초, 파리시는 나머지 13구에서 따로 떨어진 13구 일부 지대 처리
문제에 대해 의논하기 시작함
- 파리시는 이 지역의 다양한 부지들을 사들여, 파리 도시 개발 사상 가장 넓
은 지역에 해당되는 대규모 재개발 계획 수립

■ 새로운 RER(광역급행철도) 역 등이 들어서면서 그동안 제대로 활용되지 못했던 이 지역을 활기를 띠는 파리의 새로운 동부 중심지로 만드는 것을 목표로 설정

■ 1980년 6월부터 계획 수립, 행정적 조치는 1991년부터 시작되었으며 실제 공사는 1994년 국립도서관 주변에 첫 주거지들을 건설하면서 시작됨

3. 개발 주체 - 세마파

■ 세마파는 계획의 구상과 체계화, 공공시설 부문의 착공 및 기관 간의 공조를 이끌어 내는 전반적인 계획의 실행을 담당, 이 역할은 1991년에 파리시로부터 위임받음

■ 세마파 구성 요소-주 정부 및 공공기관과 민간 요소의 투자 합작

- 파리시: 57%
- 프랑스 국립 철도청: 20%
- 프랑스 정부: 5%
- 일드프랑스 지역: 5%/기타: 1%

■ 개발 관련 지역의 토지 소유자들과 합의하여 부지 확보에 관여

- 대표적인 토지 소유주 중 SNCF(프랑스 국립 철도청)는, 감정 및 경쟁 입찰 후에 개발업자가 나타날 때에만 토지 판매가에 연동하는 가격에 따라 부지를 살 수 있다는 조건을 내세워 세마파와 계약을 체결, 개발업자는 세마파와 건축과 도시 개발 전문가에 의해 작성된 입찰 규정서(수주조건 명세서) 준수

■ 개발 계획의 예산 관리 담당

■ 계획 실행에 관련된 환경문제에 관여

- 세마파의 환경헌장에는 리브 고슈 계획의 모든 공정 과정에서 환경 보전에 관련된 모든 의무가 명시되어 있음
- 예를 들면, 배수 정화 문제, 산업 폐기물 문제, 토지 오염 문제, 에너지 문제,

소음 문제, 혼잡한 교통으로 인한 공해 문제 그리고 녹지 조성 문제 등. 이러한 문제들을 해결하기 위해, 세마파는 환경친화적 정책을 위한 법률 조항을 따르는 것은 물론 새로운 입주자들에게도 동일한 환경친화적 정책을 알리는 역할 수행

4. 개발 구역

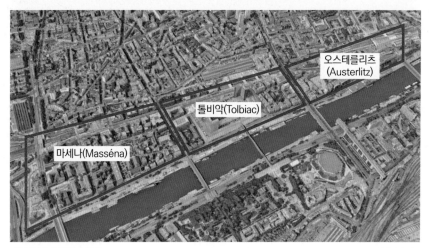

• 리브 고슈 구역별 표시도   출처: 구글어스

1) 프랑스 거리(l'avenue de France)

- 이 거리는 오스테를리츠 역과 마세나 거리를 잇고, 개발 지역의 중심을 지나는 거리로서 센강에 이르는 모든 13구의 길들이 이 거리와 만나게 됨

2) 톨비악 지구(le quartier Tolbiac)

- 리브 고슈 계획에서 처음으로 다루어진, 국립 도서관 주변 지역
- 이미 천여 개의 아파트가 1997년과 2000년에 입주를 시작했고 주변 사무실도 대부분 들어서 있는 상태. 이 지역의 공공시설은 탁아소, 유치원, 교회, 주

차장(470대 수용), 공원(6,600m²) 및 주변 서비스 시설이 있고 상권 또한 조성되어 있음

• 리브 고슈 – 톨비악 지구   출처: 구글어스

3) 오스테를리츠 지구(le quartier Austerlitz)

- 리브 고슈와 파리 중심지를 연결하는 지구로서 개발 이전에 이미 많은 주거 지역이 형성되어 있었음
- 이 주거지들은 대부분 재보수되어 보존되며, 추가로 학교와 주차장 (700대 수용), 세 개의 공원(9,000m²)이 건립될 예정

• 리브 고슈 – 오스테를리츠 지구   출처: 구글어스

4) 슈발르레 거리(la rue Chevaleret)

- 개발 구역을 파리 남쪽 지역과 잇는 거리로서, 13구의 역사적인 옛 건물들이 들어서 있어 특별한 개발 연구 실시
- 이 지역의 개발 목표는 옛 건물들과 새로운 개발 지역을 조화롭게 연결하는 것
- 현대적인 거리와 전통적 건물이 어울린 세련된 거리로 재탄생함

5) 마세나 지구(le quartier Massena)

- 개발 지역의 동쪽을 차지하는 지구로서, 이 지역의 산업 건축물들(공장, 대형 방앗간, 아틀리에 등)은 그대로 보존
- 파리시와 정부의 U3M(Universal troisième millénaire, 새천년 대학계획)에 따라 파리 7대학과 동양어문학 국립연구소(INALCO) 등 연구 중심 단지로 조성

• 리브 고슈 – 마세나 지구

출처: 구글어스

5. 개발 성과

1) 도시 개발적 측면

- 국제적인 기업들이 자리하고, 다양한 문화 시설 및 거대한 연구 대학단지가 만들어지면서, 이 지역은 기술과 연구, 그리고 투자가 함께 이루어지고 발전의 시너지 효과를 얻을 수 있는 국제적인 경제와 문화의 중심지로 변모
- 이에 따라서 파리 동부 지역 인구의 새로운 균형이 이루어지게 되며 경제적인 면뿐 아니라 정치적으로도 파리시의 요지가 될 것으로 전망

2) 도시 미관과 환경 측면

- 리브 고슈 프로젝트로 인해 13구 역시 센강과 연결되어, 강을 따라 새로운 긴 산책로가 만들어질 예정
- 5구의 라탱 지구(Quartier Latin)부터 쥐시외(jussieu) 지역을 따라서 센강 주변의 경관이 정리된 모습을 갖게 되며, 13구는 오스테를리츠 역부터 마세나 거리에 이르는 센강 주변 지역까지 확장

3) 주거환경 측면

- 리브 고슈 지역은 그동안 차이나타운과 소규모 영세 사업장들만이 들어섰던 13구에 많은 고용을 창출하면서 13구 주민들뿐만 아니라 전 파리 시민 대상 취업의 요지로 성장하여 자발적인 인구 이동이 예상됨
- 학생과 서민을 위한 공영 주택들이 전체 주택의 50% 정도를 차지하게 되어, 파리의 극심한 서민주택난을 해소하는 데 일조
- 충분한 교육 시설과 상권이 만들어지면서, 노동, 상업, 교육, 문화, 여가 시설이 고루 갖추어진 새로운 번화가의 탄생을 기대할 수 있음

10. 스타시옹 F

세계 최대 스타트업 캠퍼스

1. 프로젝트 개요

- Station F. 2017년 7월 1일 프랑스 파리에 오픈한 세계 최대 스타트업 캠퍼스이며, 프랑스 정보 통신 기업인 프리(Free)의 CEO인 그자비에 니엘(Xavier Niel)이 사비 2억 5,000만 유로를 투자함
- 건물은 크게 업무를 위한 셰어 존(Zone Share), 네트워킹에 초점을 맞춘 크리에이트 존(Zone Create) 그리고 휴식을 위한 칠 존(Zone Chill)로 나뉘며, 일반인에게도 개방됨
- 3,400m²에 달하는 공간에 1,000개에 달하는 스타트업이 입주할 수 있음
- 길이는 310m이며, 건물은 1920년대 프랑스 엔지니어 외젠 프레시네가 디자인한 건물을 프랑스 건축가 장미셸 빌모트가 개조해 만듦
- 다양한 국적의 기업들이 스타시옹 F의 프로그램을 지원하며, 엑셀레이터로 활동하는 중. 대표적으로 MS, NAVER, Ubisoft 등이 있음
- 3개 건물에 100개의 공동 거주 공간으로 이루어진 숙소도 제공하며, 위치는 스타시옹 F에서 10분 거리에 있는 파리 근처 이브리쉬르센에 있으며, 수용인원은 600명임

구분	내용
면적	3,400m²
개관	2017년 6월 개관
용도	스타트업 보육 기관
특징	- 8개의 이벤트홀, 60여 개의 미팅룸 등 다양한 편의시설 존재 - 구내 식당 라 펠리시타(La Felicità)는 축제 분위기의 콘셉트가 특징 - 글로벌 기업의 자체적 스타트업 지원 및 교육 프로그램 진행

• 스타시옹 F 전경

• 스타시옹 F 외관

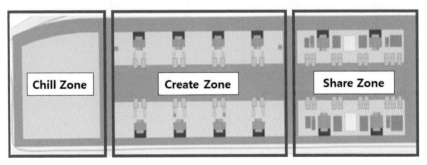

• 스타시옹 F 내부 구성도

출처: maps.stationf.co

2. 주요 프로그램 내용

1) 파운더스(Founders) 프로그램
- 전용 업무 공간에 입주하며 비즈니스 멘토링 신청이 자유로움
- 월 195유로이며 2018년 2회 모집 중 4,000개의 기업이 지원하였으며 200개 가량의 기업이 선정됨

2) 파이터스(Fighters) 프로그램
- 열악한 환경에 있는 창업자를 지원하는 프로그램으로, 선정될 경우 1년간 파운더스 프로그램을 무료로 제공받음

3) 길드 상담 프로그램
- 스타트업의 상담 프로그램 형식으로 서로가 멘토이자 동시에 멘티를 하는 동등한 위치에서의 상담 프로그램
- 길드당 약 10개가량의 팀들이 모여 구성하고 있으며 각 길드별 공동 창업자가 참석하여 월 1회 비즈니스 강연을 실시함

4) 스타시옹 F 견학 프로그램
- 웹을 통하여 공식 투어를 신청할 수 있으며 평일 11시 30분부터 12시 30분까지 진행되고 업무 공간은 입장 불가능함

• 스타시옹 F 셰어 존(Zone Share)

• 스타시옹 F의 레스토랑 라 펠리시타

11. 르 몽드 그룹
프랑스의 대표적인 미디어 기업

1. 프로젝트 개요

■ Groupe Le Monde. 르 몽드 그룹은 영향력 있는 일간지인《르 몽드》를 출간
하는 프랑스의 대표적인 미디어 기업으로, 2020년 쿠리에 앵테르나시오날
(Courrier International), 텔레라마(Télérama), 라 비(La Vie), 롭스(L'Obs) 등 여
러 자회사들과 함께 본사를 파리 13구의 리브 고슈 지역으로 이전함
■ 새로운 본사는 노르웨이 건축 회사인 스노헤타(Snøhetta)가 설계했고 유리와
금속을 사용한 반투명한 디자인의 외관은 언론 그룹의 투명성과 개방성을
상징함
■ 건물 중심부에 위치한 넓은 공공 광장은 누구나 접근할 수 있으며 도시와의
상호작용을 촉진하고 8층 규모의 건물에는 사무실 공간을 포함한 회의실,
스튜디오, 직원들을 위한 도서관 등 다양한 편의 시설이 갖춰져 있음

• 리브 고슈에 위치한 르 몽드 그룹 본사 외관*

12. 프랑스 국립 도서관
세계 최대의 자연 친화적 현대 도서관

1. 프로젝트 개요

- Bibliothéque nationale de France. 1996년 미테랑 대통령의 그랑 프로젝트의 일환으로 건설된 미테랑 도서관으로, '초대형 도서관(Très Grande Biblio-thèque)', 약칭 테제베(TGB)로 불리기도 함
- 연면적 7.5ha, 광장 6만m² 규모로, 책을 펼쳐 놓은 모양을 연상시키는 79m 높이의 건물 4개로 구성. 각각 시간의 탑, 법의 탑, 숫자의 탑, 문자의 탑이라는 이름이 있음
- 리슐리외 도서관, 톨비악 관(미테랑 도서관), 베르사유 분관, 아스날 도서관, 오페라 도서관, 국립음악원 도서관을 포함하여 파리국립도서관협회 구성
- 프랑스 문화부가 직접 관할하는 공공 건물로, 도서의 관리 및 프랑스에서 출판된 모든 서적과 작품을 관리, 이를 일반인에게 공개하는 의무를 이행
- 다른 나라의 국립도서관과 교류를 통해 도서 관련 조사 프로그램 진행
- 대한민국의 《직지심체요절》과 《왕오천축국전》을 보관하고 있음

• 프랑스 국립 도서관 건물 외관

• 프랑스 국립 도서관 외관

출처: 구글어스

• 프랑스 국립 도서관 내부

2. 도서관 역사

■ 1368년 샤를 5세 제위 당시 루브르 궁전 내부에 황실 도서관으로 첫 개장

■ 1692년 일반인에게 개방, 프랑스 혁명 기간 동안 귀족과 개인 서적이 압류 되면서 국립도서관 서적가 수 약 30만 권에 이름

■ 혁명 후 프랑스 제헌의회 결의안으로 1793년 세계 최초의 민간 도서관으로 등록

■ 1988년 미테랑 대통령이 국립도서관을 세계에서 가장 큰 규모로 보수하겠 다는 계획하에 도서 이관 후 '프랑수아 미테랑 도서관'을 1996년 재공개

■ 당시 건축가 도미니크 피로가 설계하였으며 7년간의 공사 기간 및 12억 유 로(약 1조 2,000억 원)에 달하는 금액을 투자하여 4개의 건물로 이루어진 최 대 규모의 국립 도서관이 탄생함

■ 현재 소장한 전체 자료는 약 3,000만 개, 소장 도서는 1,400만 권에 달함

• 프랑스 국립 도서관 내부

3. 도서관 프로그램

▣ 타국의 국립 도서관과 교류를 통하여 출판물에 대한 조사 프로그램을 진행함

▣ 2011년 우리나라가 외규장각 도서를 5년마다 갱신 대여하는 방식으로 영구 임대함

• 프랑스 국립 도서관 조류 오디오 가이드

13. 시몬 드 보부아르 인도교

파리의 가장 아름다운 보행 다리

1. 프로젝트 개요

■ Passerelle Simone de Beauvoir. 파리 센강을 가로지르는 37번째 다리이자
4번째 파리 보행자 전용 다리로, 파리 12구의 베르시 지구와 13구의 톨비악
지구를 연결
■ '사르트르'와의 계약 결혼으로 유명하며, 프랑스 실존주의 작가이자 선구적
인 페미니스트였던 '시몬 드 보부아르'의 이름을 따서 명명
■ 물고기 모양과 구름다리를 연상시키는 곡선이 특징으로, 떡갈나무 바닥재
와 계단식과 교차형 다리로 이루어진 철물 구조물

구분	내용
위치	75012 Paris, 프랑스
시행 면적	총 길이 304m, 너비 12m
건축가	오스트리아 건축가 디트마르 파이티힝거(Dietmar Feichtinger)
예산	예산 1억 유로, 실제 건설 비용 약 7억 유로(약 9억 달러)
추진 일정	2004년 6월~2006년 7월
용도	인도교
특징	12구 베르시 지구와 13구 톨비악 지구의 문화와 자연을 잇는 연결 고리로, 13구 주민들은 베르시 공원을, 12구 주민들은 국립도서관 문화지역을 사용하기가 용이해짐

• 시몬 드 보부아르 인도교 측면

• 시몬 드 보부아르 인도교

14. 라데팡스

다기능 복합 개발 도시

1. 프로젝트 개요

- La Défense. 파리의 도시 경계에 있는 비즈니스 지역
- 프랑스 21대 대통령 미테랑과 파리 당국 등 자치단체로 구성된 라데팡스 개발위원회가 1958년부터 30여 년에 걸쳐 장기 개발 구상안을 마련
- 46만 평의 땅 위에 첨단 업무, 상업, 판매, 주거 시설이 고층, 고밀도로 들어섰고 고속도로, 지하철, 일반도로 등은 지하로 배치해 도심의 혼잡이 거의 없음
- 파리 중심에서 서쪽으로 6.2km 떨어진 곳에 있으며 파리 중심을 일직선으로 가로지르는 10km 길이의 도로인 '역사 축'에 위치하는데, 이 도로는 파리 중심부의 루브르 박물관에서 시작하여 샹젤리제 (Champs-Élysées)를 거쳐 라데팡스의 신개선문까지 이어짐
- 군사시설이 있던 라데팡스 지역을 1950년대부터 개발 추진
- 국가적 목적(세계적 수준의 금융 중심지 조성)을 달성하기 위한 방안 중 하나로 계획되어, 중앙정부 주도하에 개발됨
- '역사적 중심축 연결'이라는 특징을 유지하며 40여 년간 개발

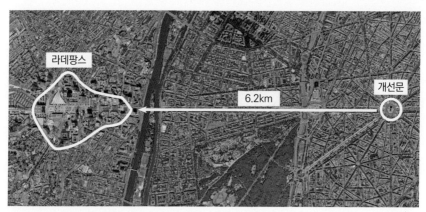

• 라데팡스와 파리 시내의 위치도　　　　　　　　출처: 구글어스

구분	내용
위치	프랑스 파리 도심 서측 6km
시행 면적	지구 면적 227만 평(업무 49만 평+주택 178만 평)
시행사	- 라데팡스 개발 공사(EPAD) - 설계자: 알렉산드라 치안케타(Alessandra Cianchetta), 　자크 그레베르(Jacques Gréber)
추진 일정	1958~2007년
용도	- 오피스(790만 평, 공실률 10%), 상업(6만 평), 주거(2만 호) - 전시/회의: 국제회의장(54,000평), 업무/세계무역센터 보유 - 문화: 자동차 박물관(Car Museum), 아이 맥스 돔 시네마(Eye Max Dome Cinema), 　야외 Festival/전시회 개최 공간
주요 건물	- C.N.I.T(신공업기술 센터), Tour Initiale(Tour Nobel), Quatre Temps, Grande Arche, 　Arena
특징	- 성공적인 다기능 복합 도시 개발 사례 - 라데팡스는 특히 새로운 주거공간 확충이라는 일반적인 개념이 아닌 업무 기능 창출에 　주안점을 두고 개발된 '경제지향적' 신도시의 전형 - 라데팡스의 이 같은 특성은 개발 초기 프랑스의 경제 여건과 수도 파리의 도시환경에 기인

• 라데팡스 전경

2. 개발 경과

- 1950년대 파리시에 오피스 붐이 불어오면서 대단위 업무공간의 필요성 인식
- 파리의 중심 지역에 대규모 수요 충족을 위한 업무 빌딩을 건설하는 것에 대한 반감으로 새로운 업무 지구 건설 추진
- 1958년: 라데팡스 지역 개발 추진을 위해 라데팡스 개발공사(EPAD) 설립
- 1964년: 마스터 플랜 수립을 통해 30층 높이의 업무용 빌딩을 중심으로 한 기능주의적 인공 도시 계획
- 1958년: 최초의 건물인 C.N.I.T(Centre des Nouvelles Industries et Technologies) 건설
- 1966년: 최초의 사무용 건물인 Nobel Tower 건설
- 1970년: 마스터 플랜의 변경으로 건축 형상에 대한 규제를 폐지하고 높이 제한은 180m 이하로 조정
- 1970년대에 마스터 플랜의 변경으로 라데팡스 지역의 건물 수요가 급격히 증가하며 개발 2단계를 맞이하였으나 1973년 경제 위기로 인하여 중단
- 라데팡스 개발이 실패 사례가 되는 것을 막기 위해 정부가 라데팡스에 공공 자금 추가 투입 및 파리 규제 강화
- 파리에 대한 규제 강화와 라데팡스에 대한 인센티브의 제공은 결국 기업의 신규 투자가 기존 도심에서 벗어나 라데팡스로 향하도록 함
- 1980년대 초 개발 3단계가 시작되며 1982년 당시 유럽 최대 크기의 상업센터 '레카트르 탕(Les Quatre Temps)' 건설
- 1990년대에는 기존 건물의 재건축과 신규 공간의 공급 확대를 통해 개발 활성화

• 라데팡스 알렉산더 칼더 〈붉은 거미〉 조형물

3. 개발 내용

■ 1950년대 라데팡스의 추진 이유
- 도심 지역에 영향을 미치는 교통 체증의 경감 방안 모색
- 브뤼셀, 런던, 뉴욕 등 경쟁 도시와 기업 유치 경쟁에서 우위 확보
■ 1955년 라데팡스 개발의 정부 승인 당시 4가지 전략적 목표
① 비어 있는 공장 지역을 서비스업 활동 입지 지역으로 대체
② 상업과 교통 및 문화의 거점으로서 파리 중심지의 중요성 재강화
③ 도심 동서 지역 간 불균형 발전 해소
④ 새로운 주거 인구 유입에 대비하기 위해 파리 도심의 전통 지구를 개량하고
　도시의 역사적 경관을 보전
■ 1964년 마스터 플랜 수립 당시 2가지 원칙 설정

① 업무 중심 공간으로 개발하되, 1.5km의 산책로를 따라 주거와 공공 공간이 결합된 복합 단지로 개발할 것

② 옥외 공간은 전적으로 보행자 교통을 위해 사용할 것

■ 토지 이용

- 업무(790만 평, 공실률 10%), 상업(6만 평), 주거(2만 호)

- 전시/회의: 국제회의장(5만 4,000평), 업무/세계무역센터 보유

- 문화: 자동차 박물관(Car Museum), 아이 맥스 돔 시네마(Eye Max Dome Cinema), 야외 Festival/전시회 개최 공간

① A지구 : 600여 회사 입주, 상근 11만 명(2만 명 거주), 첨단 통신 설비의 텔레포트

② B지구: 1만 5,000명 거주, 공원 7만 3,000평, 일부 공업용지 지정

■ 도로 체계

- 입체 교통시스템(인공지반 도입과 다층 구조 교통 여건)

- 비즈니스 지역(48만 평)에 거대한 복층 도시 구조를 설치하고, 도로·지하철·철도·주차장 등 모든 교통 관련 시설은 아래층 지하에 설치하고 그 위에 건축물 여유 공간 등을 조성

- 복층 구조를 통해 교통 효율의 극대화, 파리의 전통인 역사성과 예술성의 강조, 공간 활용도 제고, 개발 비용 절감

- 지상에서의 도로 확장, 신규 도로 개설 등에 따른 보상비 부담 등의 문제를 최소화하고 공간 이용도를 극대화

- 관광버스를 제외한 모든 차량은 지하로 다니고 지상 통행을 금지함으로써 지상 공간을 보행자만을 위한 공간으로 조성

• 호안 미로, 〈두 사람〉

4. 개발 주체

■ 라데팡스의 경우 개발 규모와 사업의 복잡성으로 인해 민관 협력이라는 기존의 일반적인 방법과 달리, 정부 주도하에 라데팡스 개발공사(EPAD, L'Établissement Public pour l'Améagement de la région de la Défense)가 전적인 권한을 가지고 추진

■ EPAD는 토지를 선매할 수 있으며, 특별개발지구를 선정할 수 있고 건축 제한 규제가 상대적으로 느슨하게 적용되기 때문에 전통적인 기구에 비해 보다 신속하고 효율적인 사업 추진이 가능

■ 라데팡스의 개발에는 EPAD와 더불어 중앙정부 기관인 국토정비 지방진흥청(DATAR, Délégation à l'Aménagement du Territoire et à l'Action Régionale)이 적극적으로 참여함. DATAR는 민관 합작 사업 추진 권한을 보유하고 있을 뿐 아니라 국가적 목적을 달성하기 위해 필요한 지원 권한과 규제 권한 보유

• 세사르 발다치니, 〈엄지손가락〉(왼쪽), 요한 오토 폰 스프레켈센, 〈신개선문〉(오른쪽)

5. 지구 재생의 특징과 효과

- 도시계획의 관점에서 볼 때 라데팡스는 파리 기존 도시와의 통합성을 고려한 개발 및 입체적인 교통 시스템이라는 점에서 특징을 가짐
- 업무 지구에 거대한 복층 구조를 설치하고, 도로, 지하철, 철도, 주차장 등 모든 교통 관련 시설은 아래층 지하에 설치되고 그 위에 건축물 및 각종 공간 등을 배치하여 지상 공간을 보행자만을 위한 공간으로 조성
- 라데팡스 개발에 들인 약 40년의 시간 동안 '역사적 중심축 연결'이라는 가장 프랑스적인 도시 설계 구조를 유지하고 있음

6. 주요 건축물

1) 라데팡스 신개선문(Grande Arche)

- 덴마크 건축가인 오토 폰 스프레켈센(Otto Von Spreckelsen)이 설계하였으며 '세계를 향해 열린 창'이란 모토를 가지고 있음
- 루브르 박물관 앞의 카루젤 개선문, 샹젤리제의 에투알 개선문에 이은 제3의 개선문, 신개선문이라 불림
- 표면이 유리와 흰 대리석으로 처리되어 있으며 폭은 70m, 높이 100m로 거대한 크기를 자랑함
- 지붕은 엘리베이터를 통하여 올라갈 수 있으며 세계 인권 보호 협회와 박물관이 자리 잡고 있음
- 프랑스 혁명 200주년을 맞이해 1989년 완공되었음

• 라데팡스 신개선문

• 신개선문 1층 입구

• 신개선문 내벽 구조

2) C.N.I.T(신공업기술 센터)

- 기존에는 제조업 박람회장으로 사용되었으나 2번의 리노베이션을 통하여 현재 쇼핑몰과 힐튼 호텔 등으로 사용되고 있음
- 1957년 착공하여 1959년 완공된 건물로, 둥근 곡선을 그리는 콘크리트 지붕은 세계에서 가장 큰 규모
- 지붕에 연결된 두 개의 이중 천장이 있고, 지지점이 3개로만 떠받쳐져 있음
- 60여 개 국의 회의 장소와 사업 본부로 구성되며, 하나의 천장 구조를 이용하여 용적 이용률을 3배 높였음
- 1988년 건축가 앙드로(Andrault)와 파라(Parat)가 재구성했음

• C.N.I.T 외관

• C.N.I.T 내부

3) 레카트르 탕(Les Quatre Temps)

■ 라데팡스에 위치한 쇼핑몰로 유럽 최대의 쇼핑 센터라 불릴 만큼 거대한 규
모를 자랑하며 여러 업종들이 건물에 모여 있음

■ 현대적 감각의 디자인을 가지고 있으며 거대한 규모에 맞게 쇼핑하기에 편
리하기 때문에 많은 관광객들이 찾음

• 레카트르 탕 외관

• 레카트르 탕 중앙 쇼핑몰

출처: 플리커 – jean-louis Zimmermann

4) 파리 라데팡스 아레나(Paris La Défense Arena)

- 엔터테인먼트와 스포츠를 즐길 수 있는 공간으로 약 4만 명의 관람객을 수용할 수 있음
- 1년에 60회 정도의 콘서트, 스포츠 경기 등 다양한 엔터테인먼트를 진행함

• 파리 라데팡스 아레나 공연장 전경

5) 투르 이니시알(Tour Initiale)

- 오피스 전용 건물로 라데팡스의 서쪽에 위치하고 있으며 105m의 높이를 자랑함
- 1966년 건축이 완료되었으며 라데팡스 지구 최초의 오피스 전용 건물
- 1988년 타워의 내부 리노베이션을 한 뒤 기존 명칭인 투르 노벨에서 '투르 이니시알'로 개명함
- 건축가 장 드 마이와 자크 드퓌세, 장 프루베가 건물의 유리 파사드를 디자인함

• 투르 이니시알 전경

출처: parisladefense.com

15. 퐁피두 센터

주차장을 현대 미술관으로

1. 프로젝트 개요

- ▣ Centre Pompidou. 파리 4구에 위치하고 있으며 리처드 로저스, 렌초 피아노, 구조 기술자 피터 라이스, 잔프랑코 프란치니 등이 설계
- ▣ 1969년 당시 대통령이었던 퐁피두가 파리 중심부 재개발 계획의 일환으로 1977년에 개장하였으며 확장 이후 2000년 재개장함
- ▣ 과거 시장터였던 공간을 미술관과 광장으로 재단장해 매년 700만 명이 방문하는 프랑스 근현대 미술의 중심지가 됨
- ▣ 파리의 3대 미술관 중 하나로, 유럽 최고의 현대 미술 복합공간이자 파리의 문화예술 수준을 단적으로 보여주는 곳으로, 개관 당시 현대 건축의 패러다임을 바꿨다는 평가를 받음

• 퐁피두 센터 전면

■ 건물 내부에 있어야 하는 시설(엘리베이터, 에스컬레이터, 수도관, 가스관, 철근
   구조물 등)이 모두 외부에 나와 있는 특이한 구조의 건물로서 20세기를 대표
   하는 주요 건축물의 하나

■ 루브르 박물관의 고대, 중세, 르네상스 미술품, 오르세 미술관의 인상파 작
   품에 이어 연대기적으로 가장 최근의 작품을 전시

■ 3만 점의 미술품을 소장하고 있으며 그 중 800여 점이 전시되어 있고
   1905년부터 현재에 이르는 유화, 수채화, 조각, 개념 예술 및 비디오 아트 등
   종류가 다양함

구분	내용
위치	Place Georges-Pompidou, 75004 Paris, 프랑스
시행 면적	각 층 면적 7,500m^2
시행사	건축가 리처드 로저스, 렌초 피아노, 잔프랑코 프란치니
추진 일정	1977년 개장, 확장 후 2000년 재개장
용도	현대 미술관, 자료 도서관, 아틀리에 등
특징	프랑스뿐만 아니라 세계에서 가장 유명한 문화 장소이자 프랑스에서 가장 많이 방문한 유적지 중 하나

• 퐁피두 센터 후면

2. 개발 특징

▣ '진화하는 공간적 다이어그램'을 모토로 디자인된 퐁피두 센터의 건축물은
새로운 세대의 박물관에 대한 영감, 세계에서 유일한 프로토 타입의 기술적
특징을 가짐

▣ 내부 공간을 자유롭게 구성

- 각 층은 하중 구조에 상관없이 건물 전체를 확장함으로써 바닥 작업이나 기타 활동을 분할하여 최대한 자유롭게 재구성할 수 있음

▣ 지하 1층, 지상 7층으로 구성

- 1층과 2층은 자료실과 산업 디자인 센터

- 3층과 4층은 국립 현대 미술관, 5층에서는 현대 미술가 전시회 개최

• 퐁피두 센터 앞 광장

• 퐁피두 센터 광장 조형물

• 퐁피두 센터 내부

• 퐁피두 센터 내부

16. 베르시 빌라주

와인 저장고 등을 상업문화 복합공간으로

1. 프로젝트 개요

- Bercy Village. 센강가에 위치하며, 18세기부터 강을 통해 다양한 지역의 와인을 가져와 수도에 공급하는 와인 교역소이자 저장고의 역할을 함
- 18~19세기 와인 산업이 크게 발전하였고, 1859년부터 정부가 와인 산업에 대한 영향력을 행사하며 베르시에 와인 저장고들과 운반을 위한 철도가 들어섬
- 이후 와인을 직접 배송하는 산지 직송을 통한 거래가 성장하며, 베르시의 와인 저장고 사용률이 떨어지고, 1990년 프랑스 정부는 파리 서쪽 지역에 비해 비교적 개발이 뒤쳐졌던 베르시가 속한 동쪽 지역의 도시 개발 사업을 실행함
- 스포츠 경기 및 공연을 관람할 수 있는 팔레 옴니스포르 드 파리 베르시(Pal-ais omnisports de Paris-Bercy, 現 Bercy Arena) 체육관, 현대적인 조경의 부지 14ha에 달하는 베르시 공원(Parc de Bercy), 문화복합 영화센터 시네마테크 프랑세즈(Cinémathèque française), 옛 와인 창고를 재활용하여 만든 생테밀리옹 광장(Cour Saint-Emilion) 등이 모두 합쳐져 베르시 빌라주를 구성함

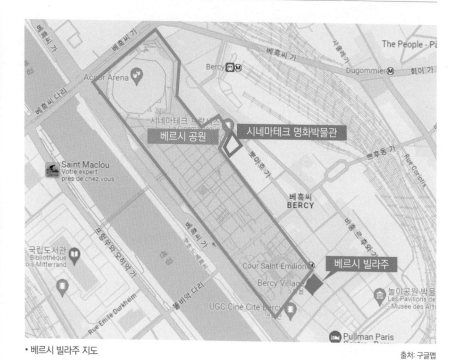

• 베르시 빌라주 지도

출처: 구글맵

2. 추진 과정

- 1987년 파리 도시계획연구소(L'Atelier Parisien d'Urbanisme, APUR)는 베르시 지구 개발에 대한 기본 계획을 설정하였으며 주택을 병렬 배치하고 상점과 동시에 작은 단위로 복합개발함

- 베르시 공원 설계안은 1987년 유럽 현상 설계를 통해 샹젤리제 거리를 재정비하였던 베르나르 위에(Bernard Huet)의 것이 채택되었으며, 와인 창고의 재사용 방안에 대해서는 드니 발로드(Denis Valod)와 장 피스트르(Jean Pistre)의 기존 건물과의 '조화' 그리고 새로운 시도의 '연속성'의 가치가 드러난 설계안이 채택됨

• 베르시 빌라주 전경

• 베르시 공원

3. 도시 재생 계획 특성

■ 파리라는 도시의 스케일을 고려한 공원 계획과 장소의 특수성을 보존하는
  방법을 구상하였으며, 환경 제약 문제를 해결함
■ 베르시 지구 재생 사업 개요

구분	ZAC(Zone d'Aménagement Concerté: 도시 개발 계획을 위한 특별 구역)		
	베르시(Bercy) 지구		
	동쪽 지구	북서쪽 지구	공원
지구 지정	1987년		
개발 주체	ZEUS 사	파리시	-
시행	SEMAEST		
면적	50ha		
건축 코디네이터	미셸 마카리 (Michel Macary)	장 피에르 뷔피 (Jean-Pierre Buffi)	베르나르 위에 (B. Huet)
개발 프로그램	- 총면적: 50ha(공원: 12.5ha/주거: 1489호) - 업무: 113,000m² 농산물 센터: 40,000m²		
개발 비용	1억 7,500만 유로		

출처: 세계도시정보 인용

■ 기존 자산 재활용-베르시 빌라주는 약 200m 정도의 거리를 중심으로 42개
  의 와인 창고를 개조한 상점이 있으며, 이곳의 상점들은 동일하게 삼각형 지
  붕과 2층에 창문 하나, 1층에 두 개의 문으로 이루어져 있음
■ 녹지 공간 확충-베르시 공원은 14ha 규모로 1995년 개장했고 포도나무 정
  원, 과수원, 어린이 놀이터, 정원 박물관 등으로 나뉘어 있으며, 프롱 드 파크
  주거단지와 통합 설계되어 접근성을 높여 많은 인구가 사용함
■ 여가·문화 시설의 확충-공원 내의 스포츠 홀은 5만 5,000m²의 건축면적에
  1만 7,000개의 좌석을 갖춘 스포츠 문화시설로서 축구 경기장을 제외하고,
  모든 경기장은 경기뿐 아니라 공연이 가능, 1983년 완공된 시네마테크 프랑
  세즈는 스페인 빌바오의 구겐하임 미술관을 설계한 프랭크 게리의 작품으
  로 기묘한 외관이 특징적임

• 베르시 생테밀리옹 광장

• 베르시 빌라주

4. 쇼퍼테인먼트

■ 1990년대에 서서히 개발되면서 파리의 첫 '쇼퍼테인먼트(쇼핑+엔터테인먼트)' 공간으로 주목받음. '프렌치 어번 엔터테인먼트 글로벌 센터'라는 개발 프로젝트를 시작으로 느긋함과 마시는 문화를 중시하는 전통과 새로운 것을 찾는 소비자의 취향을 조화시키는 콘셉트로 진행됨

■ 입주한 브랜드들은 중상층 소비자를 대상으로 하고 있으며 다양한 콘셉트의 상점들을 볼 수 있음

5. 사업 성과

■ 낙후 지역에 문화적 아이덴티티를 부여하고 도심 속 공원 조성을 통해 성공적인 도시 재생 사업으로 주목을 받고 있음

■ 거주민이 거의 없었지만 재생 사업 이후 약 9,000명의 인구가 거주하고 있음. 이는 파리 12구나 파리 서쪽과 비교했을 때 큰 성과이며, 매년 450만 명이상의 방문객이 모여들고 있음

6. 기타 사항

■ 건축 양식은 아치형의 처마가 달린 나지막한 석재 주택과 조약돌로 이루어진 포장도로가 특징이며 철길이 남아 있음

■ 센강변과 도로에서 들려오는 소음을 대형 영화관인 UGC CINE CITE BERCY 빌딩이 막아 주며 주변에 작은 숲과 공원들이 조성되어 있어 유동인구가 많은 베르시 빌라주 안쪽 쇼핑가와 식당가는 외부와 차단되어 베르시 빌라주 그 자체에 집중할 수 있음

• 베르시 빌라주 상가

7. 시네마테크

■ 1983년 완공되었으며 프랑스의 고전영화부터 시즌별 감독의 영화를 볼 수 있는 전문 영화관으로 다양한 영화 스펙트럼을 자랑함

■ 프랭크 오웬 게리(Frank Owen Gehry)가 설계했으며 게리의 대표작으로는 빌바오의 구겐하임 미술관이 있음

■ 영화관뿐 아니라 전시, 공연, 도서관 등 복합문화공간으로 사용되며 학교나 그룹 등 방문객들을 대상으로 가이드 투어, 워크숍, 상영회 등을 진행함

■ 박물관에는 영화와 관련된 다양한 소장품들이 있고 카메라, 필름, 미술용품 등을 구경할 수 있으며 특별전을 진행

• 베르시 빌라주 시네마테크 외관

• 시네마테크 내부

• 시네마테크 내부 서점

17. 포럼 데 알

낙후된 재래시장을 역세권 복합 상업 시설로

1. 프로젝트 개요

■ Forum des Halles. 파리 중심지에 있었던 식료품 시장 레 알(Les Halls)이었
  으나, 1971년 철거 후 파리의 대중교통 시스템과 인접한 현대적인 쇼핑몰로
  재생
■ 첫 개장은 1979년, 주요 재건축은 2010년에 시작, 2018년에 재개장
■ 하루 평균 방문자 15만 명, 2017년 파리에서 두 번째로 많이 방문한 쇼핑몰
  로 선정되기도 함

구분	내용
위치	101 Porte Berger, 75001 Paris, 프랑스
규모	60,000m²
용도	대형 쇼핑몰(168개 브랜드 입점)
준공	1979년 재건축 후 2018년 개장
설계	다비드 망갱(David Mangin), 파트리크 베르제(Patrick Berger), 자크 앙주티(Jacques Anziutti)
특징	- 파리 교외 통근/급행 운송 시스템(RER)과 인접한 교통 중심지 - 패션, 뷰티, 웰니스 부티크 등을 다양하게 즐길 수 있음

• 포럼 데 알 외관

• 측면에서 본 포럼 데 알

2. 장소 역사

- ▣ 레 알 시장은 11세기 공동묘지 옆에서 시작된 마른 상품을 교환하는 장이었음
- ▣ 시장이 점차 퇴색되고 새로운 시장경제에 경쟁할 수 없고 대규모 수리가 필요하다는 판단하에 1971년에 해체
- ▣ 2002년 건축물과 주변 설계에 대한 비난을 수용하여 지역 리모델링에 관한 공개적인 협의 진행
  - 포럼과 정원을 위한 디자인 대회를 개최하여 장 누벨, 렘 콜하스 등이 출품
  - 정원: 1980년대 설계된 조경화된 길을 보행자 산책로와 중앙 잔디밭으로 대체하려는 다비드 망갱의 디자인이 채택
  - 포럼 건물: 2007년 파트리크 베르제와 자크 앙주티의 포럼 건물을 큰 유리 캐노피로 덮은 디자인 선정
- ▣ 2007년 샤틀레 레 알 역의 리모델링도 함께 진행되며 보행자 순환이 향상되고 교통이 편리해짐
- ▣ 2010년 재건축이 시작되었고, 2016년 유리 캐노피 완성 후 2018년에 재개장

• 포럼 데 알 내부

• 포럼 데 알 쇼핑몰 내부

• 포럼 데 알 내부 식료품 가게

• 포럼 데 알 식당가

18. 피노 컬렉션

프랑수아 피노의 현대 미술 컬렉션

1. 프로젝트 개요

- Bourse de Commerce - Pinault Collection. 프랑스 파리 중심부에 위치한 현대 미술 전시 공간. 2021년 5월 22일에 개관했으며 구찌와 발렌시아가 등 유명 패션 브랜드가 속한 케링 그룹의 창업자이자 경매사 크리스티의 소유주인 프랑수아 피노(François Pinault) 회장은 1763년 곡물 저장소로 지어져 1889년 상품거래소로, 이후 상공회의소와 증권거래소로 사용됐던 건물을 자신의 컬렉션을 전시하는 현대 미술관 '부르스 드 코메르스-피노 컬렉션 (이하 BdC)'으로 재생하여, 약 5,000여 점의 현대 미술 작품을 전시하고 있음
- 피노 컬렉션은 18세기부터 존재한 건물로, 상공회의소가 사용해 오던 증권거래소 건물을 프랑수아 피노와 일본의 건축가 안도 타다오(Tadao Ando)가 협업하여 현대 미술관으로 리노베이션함
- 제프 쿤스(Jeff Koons), 마크 로스코(Mark Rothko), 피에르 올리히(Pierre Huyghe), 신디 셔먼(Cindy Sherman), 다미안 허스트 (Damien Hirst) 등 주요 작가들의 작품을 감상할 수 있으며 한국 현대 미술의 중요한 작가 중 한 명인 김수자(Kimsooja)의 작품 또한 피노 컬렉션에 포함되어 있음

• 피노 컬렉션 외관

• 피노 컬렉션 의 돔형 천장

• 제프 쿤스, 〈벌룬 독(Balloon Dog)〉

19. 제롬 세이두 파테 재단

프랑스 영화사의 중심

1. 프로젝트 개요

- Fondation Jérôme Seydoux-Pathé. 세계적으로 유명한 건축가 렌초 피아노 (Renzo Piano)가 디자인하여 2014년 완공한 건물에 위치한 재단으로 프랑스 영화 산업의 선구자인 미디어 그룹 파테(Pathé)의 방대한 영화 유산을 보존 하고 홍보하기 위해 설립되었으며 파테의 회장이었던 제롬 세이두를 기리 기 위해 명명되었음

- 파테는 축음기 음반의 주요 생산 업체일 뿐만 아니라 세계 최대의 영화 제작 및 장비 회사로 지금의 디지털 및 3D 영화 제작의 기원이 된 그룹이며 프랑 스와 유럽 전역에서 수많은 영화관을 운영하고 현재는 고전 영화의 복원 작 업에 힘쓰면서 유럽 영화 산업의 다양한 영역에서 활동하고 있음

- 19세기 후반에 지어진 고블랭(Gobelins) 극장이 있던 건물은 과거의 모습 중 일부가 보존되어 남아 있으며 곡선형 파사드와 유리를 사용한 투명한 외관 이 특징임

- 건물 내에는 영화 상영을 위한 70석 규모의 작은 극장과 복원 작업을 위한 공간, 사무실과 연구실 등이 갖춰져 있으며 제롬 세이두 파테 재단은 영화를 보존하고 상영할 뿐만 아니라 영화사에 대한 다양한 전시회, 연구 및 출판, 교육 프로그램도 운영하고 있음

• 제롬 세이두 파테 재단의 연구 및 문서화 센터

출처: www.architecturedecollection.fr

20. 모를랑 믹시테 카피탈

아름다운 전경을 가진 파리의 복합 재생 공간

1. 프로젝트 개요

- Morland mixité capitale. 파리에서 가장 아름다운 전경을 가진 빌딩 중 하나로, 높이 50m이며, 센강 유역에 위치해 있고, 일 생 루이(Ile Saint-Louis)와 마레(Marais) 지역 사이에 위치하여 접근성과 좋은 시야를 확보하고 있음

- 기존에 있던 1950년에 지어진 17층짜리 건물을 재건한 사례로, 로랑 뒤마(Laurent Dumas)가 설립한 프랑스 부동산 업체인 에메리주(Emerige)가 2016년 도시 재생 프로젝트인 '레앵방테 파리(Réinventer Paris)'에서 우승하여 작업을 맡음. 파리의 중심부에 위치하였으며 다양한 공간적 활용을 보여 주는 건축물임

- 총면적 4만 3,419m²이며 199개의 주택 단지, 161개의 객실이 있는 유스호스텔, 사무실, 상업 공간, 피트니스 센터, 식당가 등으로 구성

- 1층에 3개의 안뜰이 있고 이는 계단식으로 둘러싸인 테라스로 구성되어 있으며 이 풍경은 건물 내부에서 경계를 이루고 공공 공간의 확장을 보여 줌

구분	내용
위치	17 Bd Morland 75004 Paris, 프랑스
규모	43,419m²
용도	- 사무실: 9,171m² / 상가: 970m² - 유스호스텔: 10,597m² / 호텔: 813m² - 보육원: 1,749m² - 수영장 및 피트니스 센터: 521m² - 레스토랑: 290m²
준공	2016~2020년
시행사	MDP(Michel Desvigne Paysagiste)
설계	David Chipperfield Architects
특징	- 오래된 정부 청사 건물을 현대적인 복합 공간으로 재생 - 주거 공간, 사무 공간, 상업 공간, 호텔, 레스토랑, 문화 공간 등의 복합 개발

• 모를랑 믹시테 카피탈 외관

출처: 구글어스

• 모를랑 믹시테 카피탈

21. 파비용 드 라르스날

파리 도시계획관

1. 프로젝트 개요

■ Pavillon de L'Arsenal. 파리의 도시계획관으로, 건축과 도시주의(Urbanism), 도시계획과 관련된 작업 및 전시를 위한 센터
■ 1989년 창립 이후 도시계획과 파리의 건축과 관련된 문서화 및 전시의 중심
■ 전시회의 운영, 파리인들의 일상생활과 관련된 문제들에 대한 참고서 발간, 도시계획에 관련된 개인들과 당국들을 위한 포럼 제공 등의 활동을 통해 파리의 진화에 도시계획이 미치는 영향을 이해하도록 함
■ 파리 상설전시회는 파리 건축물을 전시하고 도시가 어떻게 발전해 왔는지 보여 줌
■ 2011년 구글과 제휴하여 스크린 48개로 구성되어 있는 리퀴드 갤럭시(Liquid Galaxy)를 만들었으며 디스플레이를 통해 파리의 2020년 모습을 보여 줌
■ 또한 장 누벨(Jean Nouvel), 파트리크 베르제(Patrick Berger), 자크 앙주티(Jacques Anziutti) 등과 같은 건축가들이 설계한 미준공 건물을 3D 모델로 소개함

• 파비용 드 라르스날 외관

• 파비용 드 라르스날 내부

• 파비용 드 라르스날 내부

• 파비용 드 라르스날 리퀴드 갤럭시

22. 그랑드-세르 팡탱
팡탱 지역의 철강 공장을 재생한 곳

1. 프로젝트 개요

- Les Grandes-Serres de Pantin. 팡탱 지역의 우르크 운하를 따라 있던 옛 산업지대인 포차드 홀을 개발하는 프로젝트로 개발업체인 알리오스(Alios)와 건축회사 ECDM에 의해 진행되는 10만m² 면적의 혼합 프로젝트
- 철강 파이프 제조 기업인 푸샤르(Pouchard)는 2017년 팡탱 지역의 부지를 떠나며 거대한 산업용 황무지를 방치함
- 1930년대부터 지어진 건물, 길이 200m, 너비 25m의 다양한 건물군이 있었음
- 낙후된 상태로 남아 있던 건물이 '거대한 비닐하우스(Grandes-Serres)'라는 이름으로 혁신적으로 재건됨
- 호텔, 극장, 아트 갤러리와 레스토랑으로 구성
- 그랑드-세르의 하이픈(-)은 연결을 뜻하는 것으로, 그랑드-세르와 도시를 연결하는 다리와 팡탱의 예술가, 재능, 사람들 사이의 연결고리 두 가지가 결합하는 것을 상징

구분	내용
위치	1 Rue du Cheval Blanc, 93500 Pantin, 프랑스
규모	100,000m²
용도	사무실, 공공 공간, 호텔, 식당가
준공	2018~2021년
시행	알리오스(Alios)
설계	건축사 ECDM
특징	- 건물이 완성될 때까지 임시로 전시회가 진행되고 있음 - 전체 프로젝트 기획 단계는 완료된 상태로, 현실화 단계를 앞두고 있음

• 측면에서 바라본 그랑드-세르

• 그랑드-세르 외관

2. 테아트르 뒤 필 드 로

■ 물가의 극장을 뜻하는 테아트르 뒤 필 드 로(Théâtre du fil de l'eau)는 오래된 벽돌 공장에 위치한 극장으로, 약 270명 정도의 관람객을 수용할 수 있음

• 테아트르 뒤 필 드 로 외관

• 그랑드-세르 골목

23. 파리 파사주

파리만의 독특한 양식

1. 프로젝트 개요

- Les Passages Couverts de Paris. 파사주(passage)란 19세기의 프랑스에 등장한 새롭고 특이한 건축 양식으로, 건물 사이로 난 또는 건물을 통과하는 길고 개방된 통로 공간이며 쿠베르(Couvert)란 지붕이 덮인 것을 의미함
- 아치형 또는 반원형의 철조물이나 나무 구조물이 유리 지붕으로 덮여 있어 빛을 통과시키고 비를 막아 줌
- 건물을 통과해 길과 길을 잇는 파사주는 보행자들의 이동성을 개선하였음. 또한 깨끗한 바닥이 깔리고 유리로 된 지붕이 덮인 파사주는 우천시에도 산책을 하고 휴식을 취할 수 있는 만남의 장소가 됨
- 파리의 파사주는 프랑스의 지방 도시 그리고 해외 다른 국가에도 전파되었는데, 부유한 손님들이 많이 다니는 센강 우안 지구(Rive droite) 그랑 불바르(Grands Boulevards) 대로 부근에 대부분 지어짐
- 파사주는 다양한 상점, 극장, 식당 등이 발달하여 먹거리와 볼거리가 풍부하고 쇼핑과 문화생활을 즐길 수 있는 파리의 명소가 됨
- 19세기 중반 오스만의 파리 도시구조 개혁 과정에서 많은 파사주가 파괴되었고 남아 있는 파사주들도 대형 백화점이 등장하며 인기를 잃고 퇴색함
- 낡고 버려진 파사주는 눈에 잘 띄지 않는 비밀 통로와 같은 낭만적인 모습으로 20세기 프랑스인들과 관광객의 관심을 끌었고, 파리 시청과 프랑스 문화

부는 파사주의 복원과 보호를 위해 노력, 1970년대부터 새로운 상점, 식당들이 파사주에 입점하였고 패션, 사진, 문학 등 특정 분야를 대표하는 파사주들이 새롭게 건설됨

1) 갈르리 비비엔(Galerie Vivienne)

• 갈르리 비비엔*

- 주소는 4 rue des Petits-Champs, 75002 Paris
- 1823년에 지어진 갈르리 비비엔은 가장 대표적이고 상징적인 파리 파사주 갤러리
- 리슐리외 도서관(bibliothéque Richelieu) 뒤 팔레 루아얄(Palais Royal) 가까이 위치해 있으며, 웅장하고 고급스러운 갤러리에 걸맞은 화려한 모자이크 바닥과 높은 유리 지붕, 대리석과 목재가 섞인 고풍스러운 기둥과 건물이 특징으로, 기둥과 벽면은 '성공, 풍요, 상업'을 상징하는 장식이 수놓여 있음
- 갤러리의 내부에는 제과점, 와인 창고, 헌책방, 찻집 등 다양한 상점이 있고, 1970년대 이후 장 폴 고티에 같은 명품 패션 브랜드도 입점하여 인기를 끌고 있음

2) 파사주 데 파노라마(Passage des Panoramas)

• 파사주 데 파노라마*

■ 주소는 11 boulevard Montmartre, 75002 Paris
■ 1799년에 지어진 파사주 데 파노라마는 역사적 기념물로 등재되어 옛날 활
  발하던 상업 지구의 명성을 오늘날까지 이어가고 있음
■ 파사주 데 파노라마에 있는 오래된 상점들의 진열장은 파리의 역사를 보여 줌
– 파리 주식거래소(Bourse de Paris) 부근부터 그랑 불바르까지 이어지는 133m
  통로의 내부에서는 입소문을 통해 알려진 장인들의 공예품 가게와 옛날 동
  전, 엽서, 우표 수집 상점 등을 볼 수 있음

3) 파사주 주프루아(Passage Jouffroy)

• 파사주 주프루아*

■ 주소는 10-12 boulevard Montmartre, 75009 Paris
■ 1836년에 지어진 파사주 주프루아는 사람들이 가장 많이 찾는 파사주로, 그
  랑 불바르에 위치한 파사주 데 파노라마와 바로 이어져 통로 내부의 다양한
  관광 명소로 많은 사랑을 받고 있음

▣ 어른과 아이 모두가 좋아하는 그레뱅(Grévin) 밀랍인형 박물관과 파리에서 가장 오래된 호텔 중 하나인 쇼팽 호텔(Hôtel Chopin), 발랑탱(Valentin) 찻집, 종이 전문점, 지팡이 전문점과 같이 특이하고 재미있는 상점이 많음

4) 파사주 뒤 그랑 세르(Passage du Grand-Cerf)

• 파사주 뒤 그랑 세르*

- 주소는 145 rue Saint-Denis, 75002 Paris
- 1825년에 지어진 몽토르고이(Montorgueil) 지구에 위치한 파사주 뒤 그랑 세르는 파리에서 규모가 가장 큰 파사주 중 하나로 12m의 높이의 멋진 유리 지붕이 특징임
- 높은 유리 지붕 덕분에 2층에서 3층짜리 건물이 상점으로 사용되고 있으며 공중 전시도 가능하며, 수공예품, 장신구, 가구, 전등 전문 가게가 있어 특별한 물건을 구하기 위해 가구 애호가나 전등 애호가들이 찾는 곳임

5) 파사주 베르도(Passage Verdeau)

• 파사주 베르도*

- 주소는 6 rue de la Grange-Batelière, 75003 Paris
- 1847년에 건축된 파사주 베르도는 파리에서 가장 매력적인 파사주 중 하나로 건축가의 이름을 따서 지어짐

- 골동품, 헌책, 엽서, 사진기 수집가들이 볼 만한 특이한 상점들이 있으며, 물고기 가시 모양의 높은 유리 천장으로 인해 파사주 내부에 자연광이 들어올 수 있는 구조적 특징을 가짐

※ 반대편 연결 입구: 31 bis rue du Faubourg Montmartre

6) 파사주 데 프랭스(Passage des Princes)

• 파사주 데 프랭스*

- 주소는 5 boulevard des Italiens, 75002 Paris
- 팔레 가르니에(Palais Garnier)와 대형 백화점들과 가까운 곳에 위치한 파사주 프랭스는 1860년에 지어졌으나 부동산 매매로 15년 뒤 허물었다가 1995년에 다시 재건됨
- 당시 건축가는 이 동네의 오스만 양식 건물들과 완벽하게 어울리는 건축미를 표현하여 지었다고 함
- 장난감 성지로 여겨지는 이곳엔 장난감뿐 아니라 자동차·비행기 모형과 비디오게임 제품 등을 판매하는 가게들이 즐비하여 아이들에게 인기가 많은 곳임

※ 반대편 연결 입구: 97 rue de Richelieu, 75002 Paris

7) 파사주 브래디(Passage Brady)

• 파사주 브래디*

- 주소는 46 rue du Faubourg Saint-Denis, 75010 Paris
- 1828년에 지어진 파사주로, 인도를 여행하는 듯 이국적인 기분을 만끽할 수 있어 파리의 인도, 리틀인디아(Little India)라고 불림
- 통로 한쪽은 유리로 덮여 있으나 통로 반대편은 천장이 뚫려 있어 하늘이 올려다보이는 특이한 건축 양식을 가지고 있음
- 내부 통로에는 인도, 파키스탄, 모리셔스, 레위니옹의 이색적인 음식점과 화려한 전통 의상을 대여하는 상점들로 이루어져 있음

   ※ 반대편(천장이 뚫린) 연결 입구: 43 rue du Faubourg Saint-Martin, 75010 Paris

8) 갈르리 베로도다(Galerie Véro-Dodat)

• 갈르리 베로도다*

- ▣ 주소는 19 rue Jean-Jacques Rousseau, 75001 Paris
- ▣ 1826년에 지어진 갈르리 베로도다는 루브르 박물관 가까이에 위치한 파사주임
- ▣ 파사주의 특징인 유리 천장뿐만 아니라 아름다운 조각으로 장식된 천장이 특징
- ▣ 가구와 장식, 미술품, 악기, 오래된 인형들을 파는 우아한 상점들로 구성되어 있고 미식가들을 위한 식당들이 있어 매력적인 파리지앵들에게 진정한 평화의 안식처가 된다고 함

※ 반대편 연결 입구: 31 bis rue du Faubourg Montmartre, 75009 Paris

9) 파사주 뒤 케르(Passage du Caire)

• 파사주 뒤 케르*

■ 주소는 2 place du Caire, 75002 Paris

■ 상티에(Sentier)구에 위치한 파리에서 가장 오래되고(1798년에 건축) 가장 긴 (통로 길이: 370m) 파사주

■ 파사주의 이름은 이집트의 수도 카이로를 이르는 케르(Caire)로 붙여졌는데 당시 나폴레옹의 이집트 원정이 시작될 때 이집트에 대한 열정과 기대로 지어진 곳이라고 함. 건물 입구부터 이집트의 여신 하토르 조각상을 볼 수 있으며, 소의 귀, 금으로 장식된 입구 등 이집트의 특징이 드러나는 조각상을 발견할 수 있음

※ 반대편 연결 입구: rue d'Alexandrie, rue Saint-Denis, rue du Caire.

24. 레 도크

산업 창고를 패션 문화 디자인 공간으로

1. 프로젝트 개요

- Les Docks. 2008년 건설된 건물로, 센강 옆 과거 창고로 쓰이던 터에 강의 움직임에 영감을 받아 디자인된 것이 특징
- 금속과 에칭 공정된 유리가 물을 반사하는 녹색 건물로, 파리에서 가장 주목할 만한 현대 건물 중 하나임
- 파리에 위치한 컨퍼런스 센터로, 컨퍼런스, 회의, 기자회견뿐만 아니라 비즈니스 교육, 건축, 디자인, 라이프 스타일 등에 관련된 이벤트 진행
- 매년 중심이 되는 세 가지 행사를 진행
- 봄에는 패션과 사진, 여름에는 상호작용이 있는 테마 전시회, 겨울에는 문화를 통해 국가를 새롭게 발견하는 행사 개최
- 카페, 디자인 편집숍, 서점, 가구 판매점 등 다양한 테마와 분위기로 이루어져 많은 젊은이들 및 패션피플들이 찾는 장소
- 1907년에 최초 건설되었던 상업용 부지로서 8,500m² 규모로, 창고로 사용된 후 파리 시에서 현대적인 공간에 대한 수요를 위하여 복합 문화 공간으로 재생시킴

구분	내용
위치	34 Quai d'Austerlitz, 75013 Paris, 프랑스
용도	전시 공간, 컨퍼런스, 회의장
준공	2008년
설계	Jakob and MacFarlane
특징	- 혁신, 문화 및 스타일에 관련된 창의적인 프로그램 기획 - 전시, 공연은 예술가, 창작자, 스타일리스트, 사진가, 건축가 등의 재능을 발견하는 데 초점을 맞추고 있음

• 레 도크 외관

• 레 도크 루프탑 카페

출처: citemodedesign.fr

• 레 도크 외부 카페   출처: citemodedesign.fr

• 레 도크 내부 패션쇼   출처: citemodedesign.fr

25. 앙드레 시트로엥 공원
자동차 공장 부지를 공공 공원으로

1. 프로젝트 개요

- André-Citroën. 센강 좌측 15구에 위치한 면적 14ha의 공공 공원, 1992년 개장
- 전 시트로엥 자동차 제조 공장 부지에 지어진 공원으로, 회사 창업자인 앙드레 시트로엥의 이름을 따 명명
- 시트로엥 공장은 1915년 건설되어 운영되다 1970년에 폐쇄되었고, 이후 파리 도시계획의 일환으로 개발하여 공원으로 변모
- 1990년대 초에 프랑스 조경 디자이너 질 클레망(Gilles Clément)과 알랭 프로보스트(Alain Provost), 건축가 파트리크 베르제(Patrick Berger), 장 프랑수아 조드리(Jean-François Jodry), 장폴 비기에(Jean-Paul Viguier)가 디자인하였음
- 공원은 가로 273m, 세로 85m의 직사각형 모양 잔디밭으로 이루어져 있으며 공원 동부 파빌리온에 있는 2개의 온실, 분수, 운하, 산책로 등으로 구성
- 센강으로 바로 통하는 파리의 유일한 녹색 공간으로, 세 개의 테마 지역(자르댕 블랑, 자르댕 누아르, 중심 공원 지역)으로 나뉘어 있음

• 앙드레 시트로엥 공원 전경*

26. 라 센 뮈지칼

파리의 떠오르는 아트 스폿

1. 프로젝트 개요

■ La Seine Musicale. 세갱섬(Seguin Island) 하류 지점에 위치한 공연 예술 센터로 2014년 프리츠커상을 수상한 일본의 건축가 반 시게루(Shigeru Ban)와 장 드 가스틴(Jean de Gastines)이 디자인을 맡아 2017년 4월 개관했음

■ 약 6,000명을 수용할 수 있는 대공연장 그랑 센 홀(Grande Seine), 약 1,150석의 클래식 전용 공연장인 오디토리움(Auditorium)이 있으며 세계적인 음향 전문가들이 건축 설계 단계에서부터 참여하여 모든 좌석에서 균일하고 뛰어난 음질을 경험할 수 있음

■ 라 센 뮈지칼이 위치한 불로뉴-비양쿠르(Boulogne-Billancourt) 세갱섬은 과거 르노 자동차 공장이 위치해 있던 공업 지구였으며 2005년 철거되어 10년 넘게 방치되다가 세갱섬을 문화적 랜드마크로 만들겠다는 건축가 장 누벨의 마스터 플랜에 따라 파리의 새로운 아트 명소가 됨

■ 센강에 둘러싸여 있는 라 센 뮈지칼은 멀리에서 보면 강 위에 떠 있는 배를 연상시키고 돔 형태의 건축물은 태양광 패널로 덮여 있는데 이 패널들은 일조량에 따라 위치를 변경하면서 강한 직사광선을 막으며 건물의 에너지 효율성을 높임

• 라 센 뮈지칼 외관*

5

파리의 주요 명소

1. 루브르 박물관

세계 3대 박물관 중 하나

1. 개요

- Le Musée du Louvre. 메트로폴리탄 미술관, 대영박물관과 함께 세계 3대 박물관 중 하나
- 루브르 궁전을 개조한 건물로 세계유산으로 지정됨
- 서기전 7000년부터 서기 1850년대에 이르는 예술품을 가지고 있으며, 7,000점의 회화 작품을 포함하여 총 3만 5,000여 점 이상의 전시품이 있고, 전시된 작품 외에 46만 점 이상의 소장품이 있음.
- 2002년 3월 전체 소장품 48만 2,000점 온라인 공개
- 모든 작품을 보기 위해서는 작품당 10초씩 본다고 가정해도 4일 내내 관람해야 함
- 전 세계의 박물관 중에서 최대 전시 면적을 자랑하며 복도의 총 길이는 14.5km, 403개의 방에서 전시 진행 중

구분	내용
위치	프랑스 파리의 중심가인 리볼리가
총면적	73,000m²
구조	- 3개 동: 쉴리 관, 드농 관, 리슐리외 관으로 각각은 프랑스의 역사적 인물 이름을 따옴 - 1개동 관람에 반나절(약 5~7시간) 정도 소요 - 8개의 전시관: 이집트 고대유물관, 근동 유물관, 그리스와 에트루리아, 로마 유물관, 이슬람 미술관, 조각 전시관, 장식품 전시관, 회화관 그리고 판화와 소묘관 등
소장품	- 고대에서 근대에 이르는 전 세계의 역사적 유물 소장 - 3대 대표작 〈모나리자〉, 〈밀로의 비너스〉, 〈사모트라케의 니케〉 외에 〈민중을 이끄는 자유의 여신〉, 〈황제 나폴레옹 1세의 대관식〉 등 보유 - 나폴레옹 시절 이후 지구상 가장 많은 소장품 보유하고 있으며 소장 작품 수는 약 46만 점 이상이지만 대부분 다른 나라에서 약탈해 온 물건임

• 루브르 박물관 외관

2. 역사와 특징

- 루브르 궁은 1200년 필리프 오귀스트 왕이 최초 건설 후 1682년에 루이 14세가 베르사유 왕궁으로 이전하기까지 프랑스 왕정의 중심지 역할 수행
- 1672년 루이 14세가 루브르를 왕실 수집품 전시 장소로 사용
- 1692년 루브르 건물에 왕립 아카데미가 들어선 후 1699년 첫 번째 살롱전 개최
- 루이 14세가 떠난 이후 왕의 발길이 끊긴 채 쇠퇴하기 시작하다가 1793년 박물관으로 개조되면서 문화, 예술적 명성을 날림
- 프랑스 대혁명 때 국민회의는 루브르의 박물관으로서의 전시 역할 주장
- 1793년 8월 10일 537점의 회화 전시로 루브르 박물관의 역할을 시작하였으며 대부분의 전시 작품은 몰락한 귀족과 교회에서 징발된 수집품들이었음
- 루브르의 피라미드
 - 프랑스 혁명 200주년을 기념하기 위해 준공
 - 루브르 박물관 입구에 위치한 유리 구조물로 피라미드 모양
 - 1983~1989년에 건설한 중국계 미국인 이오 밍 페이(Ieoh Ming Pei)의 작품
 - 건축 초기 파격적 디자인으로 인해 많은 논란을 불러일으켰으나 건축가가 피라미드의 영원성을 상징함을 강조하면서 채택됨
 - 성공적인 구 건축과 신 건축의 조화로 인정받음
 - 높이 21m에 총 673개의 유리로 이루어져 있음

3. 소장품 특징

1) 고대 그리스 · 로마관

- 1800년 설립된 고대관 중 하나로 서기전 3,000년 경부터 기원후 6세기에 걸친 고대 그리스 및 로마 시대의 유물을 전시함

■ 대표적으로 〈밀로의 비너스〉, 〈사모트라케의 니케〉이 있음

• 〈밀로의 비너스〉(왼쪽)와 〈사모트라케의 니케〉(오른쪽)

2) 고대 이집트관

■ 1826년 설립된 이집트 문화를 집대성한 전시관으로 이집트의 상고 시대부터 기독교 시대까지의 문화 유물을 볼 수 있음

■ 과거 나폴레옹이 이집트 원정에서 가져온 수집품들을 전시하고 있음

• 〈스핑크스〉(왼쪽)와 〈이집트 장례용 가면〉(오른쪽)*

3) 드농(Denon) 관

- ■ 그리스 로마 유물 및 북유럽의 조각품, 18~19세기 프랑스 대형 회화 작품이 전시되어 있음
- ■ 14~18세기 이탈리아 작품, 스페인 회화, 이탈리아 회화 등도 전시됨
- ■ 대표적으로 다비드(David)의 〈황제 나폴레옹 1세의 대관식〉이 있음

• 다비드, 〈황제 나폴레옹 1세의 대관식〉*

4. 대표 작품

• 레오나르도 다빈치, 〈모나리자〉*

• 함무라비 법전

2. 튈르리 정원
파리 1구에 위치한 아름다운 정원

- Jardin des Tuileries. 1564년 카트린 드메디시스(Catherine de Médicis) 왕비가 궁전의 정원으로 만든 곳
- 콩코르드 광장부터 개선문까지 이어진 파리의 중심에 위치하여 많은 파리 시민들과 관광객들의 휴식처로 이용됨
- 정원 옆에는 관람차와 놀이 기구가 있으며 입장 시간은 오전 7시부터 오후 9시까지로 자전거, 오토바이 및 애완견의 출입이 금지됨

• 튈르리 정원 전경*

• 튈르리 정원 관람차

출처: 플리커 – Carlos ZGZ

• 튈르리 정원 산책로

출처: en.parisinfo.com

3. 샹젤리제 거리

파리의 패션과 문화생활의 중심지

1. 개요

- Avenue des Champs-Élysées. 개선문을 중심으로 뻗어 가는 12개 거리 중 하나
- 개선문에서 콩코르드 광장까지 2km 정도로 이어짐
- 루이비통, 샤넬, 지방시 등 수많은 유명 명품 브랜드의 본점 위치
- 고급 의상실, 레스토랑 등 각종 상점뿐 아니라 영화관, 거리 공연 등 문화생활을 함께 즐길 수 있음
- 밤이 되면 가로수에 설치된 작은 전구로 거리의 분위기를 연출
- 조각가 기욤 쿠스투(Guillaume Coustou)의 〈조련사에게 붙잡힌 말〉 조각상을 시작으로 샹젤리제 거리가 시작되며 영국식 및 프랑스식으로 조성된 거리

• 샹젤리제 거리

2. 역사와 특징

- 17세기 초 앙리 4세 때 마리(Marie) 드메디시스 왕비의 산책길을 만들고자 1616년부터 나무를 심고 가꾸기 시작한 것이 시초
- 왕비를 위한 산책길의 화려함 그대로 유지, 샹젤리제 거리 특유의 분위기가 조성되어 '왕비의 뜰'이란 별명을 가졌었음
- 1667년 튈르리 정원부터 센강을 따라 걸을 수 있도록 조성되었다가 점차 규모가 확장되면서 1709년부터 '샹젤리제'라 불리기 시작함
- 1814년 나폴레옹 1세를 패배시킨 연합군이 주둔하였으며 1828년부터 거리 정비 작업이 시작되어 분수, 인도, 가로등 등이 설치됨
- 1870년대 샹젤리제 거리에 설치된 약 3,000여 개의 가스등으로 상류층의 무도회 및 연주회 등이 열림
- 많은 디자이너가 샹젤리제 거리 주변에 상점을 내기 시작하고 세계적 유명 명품 브랜드가 다수 탄생하게 되면서 패션과 문화생활의 중심지가 됨

• 에투알 개선문에서 바라본 샹젤리제 거리

• 샹젤리제 거리 카페*

• 샹젤리제 쇼핑 거리*

4. 에펠 탑

프랑스와 파리의 상징

1. 개요

■ Tour Eiffel. 프랑스 혁명 100주년을 기념하기 위해 개최한 파리 만국박람회를 앞두고 열린 건축 공모전에서 토목공학 기술자인 귀스타브 에펠의 작품이 채택되어 1887년 공사 시작, 1889년 완공

■ 건립 당시 특이한 모습으로 인해 작가 모파상 등 반대하는 유명 인사와 시민들이 많았으나 나중에는 선풍적 인기를 끌게 됨

■ 2002년 2억 번째 관람객을 돌파, 프랑스와 파리를 상징하는 랜드마크

구분	내용
위치	파리 마르스 광장

구조	두 개의 층 외에 아무런 외벽이 없는 열린 형태
	- 높이: 324m(1,063ft), 81층 건물과 맞먹는 높이
	- 무게: 7,000t(제련철근으로 구성된 주골격의 무게)
	- 1, 2층과 꼭대기로 이루어짐
	  1층: 57m 높이의 투명한 바닥과 유리 난간
	  2층: 미슐랭 스타 쥘베른(Jules Verne) 레스토랑과 선물 가게 등 입점
	  꼭대기: 전망대, 샴페인 바 외에 귀스타브 에펠의 사무실이 복원

건설과정	- 타워 건설에 5개월, 타워 금속 조각 조립에 21개월 소요 - 300명의 작업자가 정련된 부품(단단히 제련된 건축용 철제) 1만 8,038조각을 50만여 개의 리벳을 이용해 조립 - 아랫부분은 가장 어두운 색상, 윗부분은 가장 밝은 색상의 페인트로 세 가지 색상의 페인트를 사용, 미관상 균일성 유지 - 녹 방지를 위해 7년에 한 번씩 도색 작업 시행(페인트 50~60톤 사용)

에펠 탑 전경

2. 역사와 특징

■ 처음에는 탑을 20년간 세울 수 있는 허가를 받아, 1909년 파리시에 소유권
이 넘겨진 뒤 철거될 예정이었음
■ 후에 탑을 통신 용도로 사용할 수 있음이 증명되면서 남게 됨
■ 제1차 세계대전 마른 전투에서 프랑스군이 탑의 무선송신기를 이용하여 독
일군 무선통신을 방해
■ 제2차 세계대전 후 55ft의 텔레비전 안테나가 덧붙여져 텔레비전 송신탑으
로 사용
■ 뉴욕의 크라이슬러 빌딩이 들어서기 전까지 약 40년간 세계 최고 높이의 건
축물이었음
■ 매일 밤 날이 어두워지면(일몰 기준) 매 시각 정각부터 약 5분간 2만 개의 전
구가 반짝이는 일루미네이션이 펼쳐짐

• 1888년 건축 중인 에펠 탑*

• 에펠 탑 내부 레스토랑*

• 에펠 탑에서 본 파리 시내 전경

5. 센강

파리를 가로지르는 거대한 강

1. 개요

- Seine. 파리, 트루아(Troyes), 르아브르(Le Havre), 루앙(Rouen) 등 프랑스 중북부를 거쳐 영국 해협으로 흘러가는 776km의 강
- 유네스코 세계유산으로 아름다운 경관이 유명
- 센강에는 총 37개의 다리가 있음
- 센강의 이름은 '세쿠아나(Sequana)' 여신의 이름에서 유래되었으며 센강변을 기준으로 양옆으로 다양한 아름다운 건물들이 많아 센강 유람선이 관광객들의 필수 코스로 불림
- 센강의 가운데에는 파리 도시의 시초라 불리는 시테섬(Île de la Cité)이 자리잡고 있음

• 센강 전경

2. 센강의 다리들

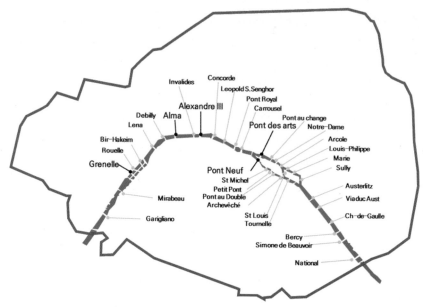

• 센강에 분포되어 있는 다리들

1) 퐁뇌프(Pont-neuf)

■ 퐁뇌프는 프랑스어로 '새로운 다리'라는 뜻

■ 시테섬 끝에 위치

■ 16세기에 지어져 파리에서 가장 오래된 다리

■ 파리에서 최초로 돌로 지어짐

■ 다리 중간에는 앙리 4세의 기마상, 다리 밑에는 유명한 퐁뇌프 유람선(Ve-
dette du Pont-neuf) 선착장이 있음

• 퐁뇌프 다리 전경*

2) 알렉상드르 3세 다리(Pont Alexandre Ⅲ)

■ 1891년 프랑스와 러시아의 동맹 기념을 위해 1896년에 착공, 1900년 파리
만국박람회가 열리던 해에 개통

■ 37개의 다리 중 가장 우아하고 화려함

■ 앵발리드와 그랑 팔레, 프티 팔레를 이어 주는 다리

■ 다리 끝부분을 장식하는 17m 높이의 기둥 4개는 각각 예술, 과학, 상업, 산
업을 상징함

■ 각 기둥의 윗부분에는 금동으로 만들어진 천마 조각상이 있음

• 알렉산드르 3세 다리 전경

출처: 픽사베이 – Kateřina Rubsášová

3) 퐁데자르(Pont des Arts)

- ▣ '예술의 다리'라는 뜻을 가진 다리로 난간에 수많은 연인들이 사랑을 맹세하며 자물쇠를 걸어 '사랑의 다리', '연인들의 다리'로 유명
- ▣ 2014년 일부 난간이 자물쇠의 무게를 견디지 못하고 무너져 철제 난간을 유리벽으로 대체하기도 함

• 퐁데자르 전경*

199

• 퐁데자르 자물쇠*

4) 알마 다리(Pont de l'Alma)

■ 1854년 크림전쟁에서의 전투 승리를 기념하기 위해 나폴레옹 3세가 지음

■ 1997년 알마 다리 부근 지하 터널에서 영국 다이애나 황태자비 교통사고가 발생. 이후 알마 광장의 '자유의 불꽃' 동상이 다이애나 황태자비의 추모 장소가 되면서 유명해짐

■ 다리를 받치는 기둥에는 프랑스 군인들을 상징하는 조각상들이 있었으나 현재 알제리 보병인 주아브(Zouave)병의 조각상만이 남아 있으며 이 조각상은 센강의 수위 측정에 쓰이기도 함

• 알마 다리 전경*

• 알마 다리의 주아브병 조각상

출처: 플리커 - Yann Caradec

5) 그르넬 다리(Pont de Grenelle)

■ 파리 15구의 인공섬인 백조의 섬(Île aux cygnes) 위에 철로 지어짐

■ 콜마르(Colmar) 출신의 조각가 프레데리크 오귀스트 바르톨디(Frédéric Auguste Bartholdi)의 작품

■ 그르넬 다리 밑 백조의 섬에는 자유의 여신상이 있으며 뉴욕 여신상의 4분의 1 크기인 이 여신상은 1889년 미국이 보낸 프랑스 혁명 100주년 축하 선물

■ 본래 에펠 탑을 바라보는 방향으로 세워져 있었으나 1937년 만국박람회 때 뉴욕에 있는 자유의 여신상과 마주 보도록 재배치함

• 그르넬 다리의 자유의 여신상　　　　　　　　　　　　　출처: 플리커 – Jim Linwood

• 센강 옆 고서적 및 화보 판매점

6. 자유의 불꽃
다이애나 황태자비와 그의 연인을 추모하는 장소

■ Flamme de la Liberté. 프랑스와 미국 간의 우호의 상징으로 1987년 《인터내 셔널 헤럴드 트리뷴(International Herald Tribune)》 창간 100주년을 기념해 파리에 기증한 기념비

■ 기념비의 실제 사이즈는 미국 '자유의 여신상'이 들고 있는 횃불과 같은 사이즈

■ 자유의 불꽃이 있는 알마 광장 아래에서 1997년 영국의 황태자비였던 다이애나와 그의 연인이었던 도디 알파예드가 파파라치들을 피해 달아나다 교통사고로 안타깝게 목숨을 잃음

■ 다이애나 비의 사망 이후 많은 사람들이 그녀가 숨을 거두었던 장소에서 가까운 기념비를 비공식 기념관 삼아 추모를 위해 사진, 엽서 등을 가져다 놓기 시작함

※ 다이애나 비(Diana, Princess of Wales)
  - 영국의 전 왕세자빈이었으며 본명은 다이애나 프랜시스(Diana Frances). 스펜서 백작 가문 후손으로 1981년 찰스 왕세자와 결혼하였으나 부부간의 불화로 인하여 1996년 이혼함
  - 인류애 실현을 목표로 적십자 지뢰 제거 운동 등 자선 활동 등에 활발히 참여함

• 자유의 불꽃 기념비

• 다이애나 황태자비의 교통사고가 난 알마 다리 동쪽 입구*

• 다이애나 황태자비를 추모하는 시민들*

7. 마레 지구
파리의 유서 깊은 중심지

1. 개요

- Le Marais. 원래 '늪'이라는 의미로 마레 지구는 센강 오른편 파리 3구에서 4구에 걸쳐 있는 지역
- 18세기까지 파리의 귀족들이 살았으며 이후에는 노동자와 수공업자의 거주지가 되었고 20세기 초에는 유대인 거주 구역이 번성함
- 19세기 당시 귀족들은 남쪽 생제르맹으로 이동하였으며 현재는 편집숍, 공방, 부티크숍과 역사적, 건축적 명소가 많음
- 파리 시청(Hôtel de Ville de Paris), 레퓌블리크 광장(Place de la République) 및 바스티유 광장으로 삼각형 이룸
- 남작 오스만(Baron Haussmann)의 위대한 업적 중 하나로 파리 도시 재생의 원조
- 1962년 문화부 장관 앙드레 말로(André Malraux)의 문화유산 보호법으로 보존됨

• 마레 지구 전체 지도

• 마레 지구 거리 모습

2. 명소

1) 파리 시청(Hôtel de Ville de Paris)

- ■ 파리 시청사 건물은 르네상스 양식과 벨에포크 양식이 혼재된 하나의 작품
- ■ 시청사 내부에는 로댕의 작품 등 유명한 예술품들 전시
- ■ 정기적으로 시민을 위해 무료 관람회 진행

• 파리 시청 외관

2) 피카소 미술관(Musée National Picasso-Paris)

- ■ 피카소는 스페인 출신 화가로 생전 가장 성공한 예술가로 꼽힘
- ■ 피카소의 작품 감상을 넘어서 그의 예술 세계까지 이해할 수 있음
- ■ 1973년 피카소의 죽음 이후 그의 유산이 프랑스 정부에 귀속
- ■ 1985년, 17세기에 지어진 살레 호텔(Hôtel Salé)에 피카소 미술관이 들어섬
- ■ 살레 호텔의 건축물과 피카소의 조각, 회화 작품이 오묘한 조화를 이룸
- ■ 피카소의 조각, 회화작품뿐 아니라 생전 그가 썼던 글, 메모 등도 전시
- ■ 피카소가 한국전쟁을 주제로 그린 회화 작품 〈한국에서의 학살〉에는 잔인
  하고 폭력적인 무장한 군인 앞에 선 힘없는 사람들이 묘사되어 있음

• 피카소 미술관 외관*

• 피카소의 염소 그림

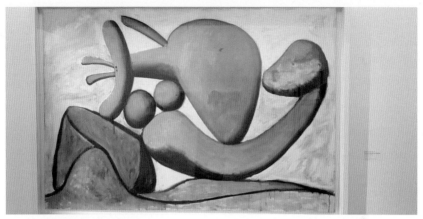

• 피카소 박물관에 전시되어 있는 그림

3) 베아슈베 마레(Le BHV Marais)

- ◼ 젊고 심플한 감성을 담은 마레 지구 대표 백화점
- ◼ 의류부터 패션 잡화, 화장품, 주방 용품까지 다양한 브랜드가 입점
- ◼ 마레 지구에 위치해 접근성 훌륭

• 베아슈베 마레 백화점 외관

4) 보주 광장(Place Des Vosges)

- 파리에서 가장 아름다운 공원 중 하나로 1605~1612년, 앙리 4세에 의해 르네상스 스타일로 건립되었음
- 원래 '왕가 광장(Place Royale)'이었으나 1789년 시민혁명 당시 보주현(département)이 자발적 세금 납부와 의용군을 보냈다는 공로로 보주 광장이라는 이름으로 불림
- 파리에서 가장 오래된 광장이며 예쁜 정원과 분수대로 유명
- 광장을 둘러싼 붉은 건물들이 인상적
- 근처에 《파리의 노트르담》, 《레 미제라블》의 저자 빅토르 위고가 살았던 저택 위치

• 보주 광장

5) 빅토르 위고 저택(Maison de Victor Hugo)

- 보주 광장에 위치한 박물관
- 17세기에 지어진 대저택으로 프랑스의 대문호 빅토르 위고가 1832년부터 1848년까지 거주했던 집
- 현재는 빅토르 위고 관련 자료와 유물들을 전시, 복원한 박물관으로 사용

■ 빅토르 위고는 이곳에서《레 미제라블》을 비롯한 많은 대작을 집필

■ 전시관에는 빅토르 위고의 유년부터 노년까지의 인생을 엿볼 수 있는 자료
들 보관

• 빅토르 위고 저택 외관

• 빅토르 위고 저택 내부

• 빅토르 위고 흉상

• 빅토르 위고 저택 내부 인테리어

6) 바스티유 광장(Place de la Bastille)

- ▣ 파리의 4구, 11구, 12구에 걸쳐 위치
- ▣ 원래 바스티유 감옥이 있던 자리
- ▣ 1789년 7월 14일, 프랑스 혁명의 발단인 바스티유 감옥 습격 사건으로 해체되어 감옥의 흔적이 남지 않았으며 당시 이 사건은 프랑스 혁명의 도화선으로 구체제를 붕괴시키는 발단이 됨

• 바스티유 광장

7) 상스 저택(Hôtel de Sens)

- ▣ 마레 지구에 위치한 중세의 저택
- ▣ 상스의 대주교 거주를 위해 사용됨. 당시 대주교는 매우 강력하고 저명한 인사로 거주지는 그의 영향력을 나타냄
- ▣ 현재는 미술 도서관으로 사용

• 상스 저택 외관

• 상스 저택 내부

8) 카르나발레 박물관(Musée Carnavalet)

- 파리의 역사에 대해 다루고 있으며 지하철 1호선의 생폴역 부근에 위치함
- 카르나발레 호텔(Hôtel Carnavalet)과 르 펠르티에 드 생 파르조 호텔(Hôtel Le Peletier de Saint Fargeau) 건물 두 개를 사용
- 파리 도시계획을 맡았던 오스만의 권고로 1866년 파리 시의회에서 카르나발레 호텔 건물을 사들였고 1880년, 대중에 공개됨
- 1980년대 들어 건물이 포화 상태에 다다르자, 바로 옆에 위치한 르 펠르티에 드 생 파르조 호텔 건물과 합쳐져서 1989년에 재개관
- 2013년부터 파리 시내의 박물관 14개가 모여 창설한 공공단체 '파리 뮈제(Paris Musées)'에 소속되어 운영

• 카르나발레 박물관 외관

9) 르 빌라주 생 폴(le Village Saint Paul)

- 파리 마레 지구 중심에 위치한 작은 마을
- 좁은 길가에 패션 부티크와 갤러리, 앤티크숍, 서점 등이 모여 있음
- 귀여운 소품들과 볼거리가 가득할 뿐 아니라 아름다운 파리 건물 사이에 위치해 한적하고 조용한 분위기

• 르 빌라주 생 폴 거리

• 르 빌라주 생 폴에 위치한 상점

10) 생 자크 탑(Tour Saint Jacques)

■ 파리 4구 생자크 탑 광장(Square de la Tour Saint Jacques)에 자리하고 있는
16세기 탑

■ 탑의 높이는 52m이고, 후기 고딕 양식으로 지어져 화려한 것이 특징

- 파스칼의 기압 실험이 행해진 곳으로 유명하며 이를 기념하는 파스칼 동상이 세워져 있음
- 1797년에 철거된 생 자크 라 부슈리 교회(L'église Saint Jacques de la Boucherie)의 유일한 흔적
- 프랑스 혁명을 거치면서 교회 건물 대부분이 파괴되었으나 탑만은 남아 있음
- 외부는 정교한 중세 조각들로 화려하게 장식됨

• 생 자크 탑 외관

11) 피에르 가르뎅 박물관(Musée Pierre Cardin)

- ▣ 패션업계의 거장 피에르 가르뎅의 박물관
- ▣ 파리 근교에 있던 피에르 가르뎅의 개인 전시관 'Espace Cardin'을 옮긴 것
- ▣ 1960년대의 아이코닉한 디자인의 옷들이 마네킹과 함께, 혹은 사진으로 전시됨

• 피에르 가르뎅 박물관 외관

12) 마레 서점(Librairie du Marais)

- ▣ 피카소 박물관과 프랑 부르주아 가(rue des Francs Bourgeois) 근처 작은 골목길에 위치
- ▣ 한 호텔리어가 폐업한 마레 서점을 아름다운 패밀리 스위트룸으로 탈바꿈
- ▣ 그대로 드러난 지붕 뼈대와 책으로 가득한 책장(4,500권의 오래된 책)이 특징
- ▣ 최고급 호텔 수준의 인테리어와 맞춤형 서비스가 제공됨

8. 몽마르트르

근대 미술의 성지이자 예술가들의 언덕

1. 개요

- Montmartre. '언덕(Mont)'과 '순례자(Marte)'의 합성어
- 평지가 주를 이루는 파리 시내에서 130m의 높이로 파리 시내 한눈에 조망 가능
- 1860년부터 파리시에 편입되어 물가가 저렴하며, 카바레·선술집 등 유흥가가 많아 화가 등 예술가들이 많이 거주함
- 빈센트 반 고흐, 피카소, 모딜리아니 등 세계적인 예술가들의 활동 무대
- 인상파와 입체파의 발상지로 파리의 예술가 언덕으로 불림
- 파리에서 하늘과 가장 가까운 곳에 위치한 사크레쾨르 대성당은 몽마르트르의 상징

• 몽마르트르 전경

2. 역사와 특징

- 프랑스 혁명이 일어나기 전까지 몽마르트르는 파리에서 현존하는 가장 오래된 소교구 성당인 생피에르 성당(l'église Sámt-Pierre)과 수도원, 포도밭과 방앗간, 채석 작업장이 있는 곳으로 유명했음
- 프랑스 대혁명을 거치면서 몽마르트르를 중심으로 부동산 건설 붐과 함께 산업 근대화가 이루어지며 예술 영역에까지 영향
- 산업혁명 시기 프랑스 혁명과 맞물려 포도원과 방앗간, 채석 작업장으로 덮여 있던 몽마르트르의 상징이 변하기 시작
- 1871년 사상 첫 민중 정부인 파리 코뮌(La Commune de Paris)이 형성됨

- 20세기 초중반까지 낮은 집세로 예술가들이 많이 모여들어 각종 예술 활동이 활발하게 이루어짐
- 몽마르트르의 숨은 곳곳이 르누아르, 세잔 등 많은 작가들의 작업 장소와 거주지였음

3. 명소

1) 몽마르트르 포도원(La vigne de Montmartre)

- 현재 파리 지역 유일한 포도원
- 연간 500병 정도의 레드 와인을 생산하는데, 판매 수입금은 자선단체에 기부함
- 포도 수확 축제: 매년 10월 둘째 주 토요일에 개최하며 전국 지방 포도주 제조업자들이 참석하는 것으로 유명하고 각 지방의 포도주 판매 및 시음식뿐만 아니라 길거리 음악 공연이 열림

• 몽마르트르 포도원 전경*

2) 사크레쾨르 대성당(Basilique du Sacré-Cœur)

- ◼ '사크레쾨르'는 '신성한 마음'이란 뜻으로 보불전쟁 패배와 파리코뮌 대학살을 겪은 프랑스에 일어난 불운을 없애고자 모금을 통해 지어짐
- ◼ 1875년에 세워지기 시작하여 1923년에 완공
- ◼ 건축가 폴 아바디(Paul Abadie)의 아이디어로 비잔틴 로마 양식으로 지어져 색다른 지붕 모양을 갖고 있음
- ◼ 대성당 입구에 잔다르크와 루이 9세의 청동상이 있음
- ◼ 매년 1,000만 명의 방문객이 방문하며 노트르담 성당 다음으로 유명한 성당

• 사크레쾨르 대성당 외관

3) 테르트르 광장(La Place du Tertre)

- 몽마르트르 구역의 정상(해발 130m)에 위치하여 작은 언덕이라는 뜻의 '테르트르(Tertre)'라는 이름이 붙음
- 루이 14세 시기에는 교수형 장소로 사용되었음
- 구시가지의 중심으로 생피에르 성당과 사크레쾨르 대성당 옆에 위치
- 20세기에는 파블로 피카소와 모리스 위트릴로 등의 거장들이 거주
- 광장은 각종 다양한 레스토랑으로 가득 차 있는데, 레스토랑 이름은 대부분 자주 왔거나 소유했던 사람의 이름들로 지어짐

• 테르트르 광장 전경

4) 메종 로즈(La Maison Rose)

- ▣ 몽마르트르를 대표하는 화가 위트릴로가 살았던 주택을 카페로 개조함
- ▣ 핑크색 벽, 초록빛 지붕의 집이 평화로움을 전하며 커피도 유명하지만 그것
  보다 양파 수프가 유명함

• 메종 호즈 외관*

5) 몽마르트르 풍차(Moulin)

■ 과거 풍차가 약 23개가량 있었지만 증기기관의 발달로 인하여 사라지고 현재 있는 풍차는 고급 레스토랑으로 바뀜

■ 오르세 미술관에서 감상할 수 있는 르누아르의 〈물랭 드 라 갈레트의 무도회〉에 옛 모습이 남아 있음

• 몽마르트르 풍차*

6) 〈벽으로 드나드는 남자(Le Passe-Muraille)〉

- ▣ 프랑스 소설가 마르셀 에메의 단편소설 주인공을 형상화한 동상으로 작가
  가 살았던 아파트 앞 벽면에 있음
- ▣ 조각가 장 마리가 1989년 마르셀 에메를 기리며 만들었음

• 〈벽으로 드나드는 남자〉*

7) 사랑해 벽(Le mur des je t'aime, The Wall of Love)

- 프랑스 예술가 페데릭 바롱(Fédéric Baron)이 다양한 국적, 인종의 외국인들을 만나 그들의 언어로 '사랑합니다'를 어떻게 표현하는지 글을 써달라 하여 받음
- 300개 언어 약 1,000페이지가량의 단어를 모아 서예가인 클레어 키토(Claire Kito)의 도움으로 612장의 타일을 이용하여 벽을 구성함
- 중간에 보이는 붉은 페인트는 사랑의 아픔을 나타냄

• 사랑해 벽 전경

• 사랑해 벽

9. 그랑 팔레 박물관

웅장한 크기로 프랑스 미술을 이끌어 온 국립 박물관

■ Grand Palais. 파리 8구에 위치하고 있는 대형 미술 전시장이자 박물관으로 1900년 파리 만국박람회를 위해 지어짐. 당시 혁신적인 디자인인 '기마르(Guimard, 19~20세기 유행한 아느누보 형식)' 형식으로 지어졌으며 '그랑 팔레 국립 갤러리(Galeries nationales du Grand Palais),' '발견의 전당(Palais de la Découverte)' 등으로 이루어져 있음

■ '발견의 전당'은 1973년 노벨 물리학상 수상자인 장 바티스트 페랭(Jean Baptiste Perrin)이 설립함

■ 행사, 전시, 문화 콘서트 등 다양한 역할을 수행하고 있음

■ 석조, 철골, 유리를 사용하여 만들어진 돔 형태 지붕의 독특한 외관으로 인하여 1900년대 건축의 보석이라 불림

■ 2005년부터 샤넬의 '레디 투 웨어,' '오트 쿠튀르 쇼'의 무대가 되었으며 그랑 팔레의 개보수 작업에 샤넬이 단독 스폰서로 2,500만 유로(약 370억 원)를 후원함

■ 그랑 팔레는 2020년 12월 보수 작업을 시작해 2024년 파리올림픽 시점에 맞추어 완공되었으며, 매년 250만 명의 관광객이 찾고 있음

• 그랑 팔레 외관

• 그랑 팔레 내부 홀*

10. 에투알 개선문
파리의 랜드마크이자 승리의 문

- Arc de triomphe de l'Étolie. 높이 51m, 너비 45m의 개선문으로 로마의 티투스 개선문에서 영감을 받아 제작하였으며 나폴레옹 1세가 1806년 아우스터리츠 전투의 승리를 기념하기 위하여 제작함
- 샤를 드골 광장을 중심으로 12개의 도로가 뻗은 모습이 별 모양을 연상시켜 프랑스어로 별을 뜻하는 '에투알(Étoile)'로 불리게 됨
- 꼭대기까지 나선형으로 이어진 돌계단(234개)을 오르면 전망대에 도착할 수 있음
- 4개의 돌기둥에는 장피에르 코르토의 작품 〈나폴레옹의 승리〉(1810), 〈저항〉, 〈평화〉가 부조로 새겨져 있으며 프랑수아 뤼드의 〈1892년 자원병들의 출정〉이 있음
- 나폴레옹 시대의 전투 128건의 명칭이 새겨져 있으며 꼭대기에는 30개의 방패가 장식되어 있는데 이 방패에는 승리를 거둔 전투가 새겨져 있고 안쪽 벽에는 전사한 군인들과 558명 장군의 이름이 새겨져 있음
- 1920년 제1차 세계대전 휴전기념일에 무명의 군인이 안장되었으며 이후 제2차 세계대전을 포함하여 기념비 앞에는 세계대전을 기념하기 위한 불꽃이 꺼지지 않고 있음

• 에투알 개선문

• 에투알 개선문 내벽에 새겨진 장군의 이름*

• 에투알 개선문을 중심으로 뻗어 나가는 12개의 대로

11. 아코르 아레나
파리를 대표하는 실내 경기장

▣ Accor Arena. 건축 회사 앙드로 파라(Andrault-Parat), 장 프루베(Jean Prouvé) 및 아이딘 귀방(Aydin Guvan)에 의해 설계

▣ 피라미드형이며 벽은 경사진 잔디밭으로 덮여 있음

▣ 무대 혹은 장소의 기물 설치에 따라 7,000~2만 300명 규모의 인원 수용 가능

▣ 1991년, 1996년 FIBA 유로피언 리그 파이널 포, 유로바스켓 1999, 2000년 유럽 체조 선수권 대회, 2017 IHF 세계 선수권 대회 등이 개최됨

▣ 스포츠 행사뿐 아니라 다양한 이벤트, 콘서트 등이 진행되며 한국 가수 중 지드래곤(G-Dragon)과 방탄소년단(BTS)이 공연함

▣ 2014~2015년 재건 노력의 일환으로 2015년 1월 1일, '베르시 아레나(Bercy Arena)'로 이름이 변경되었다가 2015년 10월 '아코르호텔 아레나(AccorHotels Arena)', 이후 아코르 아레나(Accor Arena)로 다시 변경됨

▣ 2024년 파리 올림픽에서 농구, 체조 경기 등이 개최되었으며 IOC의 방침에 따라 기업명을 빼 '파리 아레나(Paris Arena)'로 불림

• 아코르 아레나

• 아코르 아레나 메탈리카 콘서트*

• 아코르 아레나 브리트니 스피어스 공연*

12. 호텔 루테티아

피카소가 사랑한 호텔

- Hôtel Lutetia. 1910년에 개장한 파리의 대표적인 아르데코 스타일의 건물
- 세계 최초 백화점인 봉마르셰(BonMarche)의 주인인 부시코(Boucicaut)가 건설하였으며 산업화 이후 소비를 위해 파리로 오는 사람들을 위하여 백화점 대각선 맞은편 방향에 호텔 루테티아를 건설함
- 피카소 및 다양한 유명 인사들이 사랑했던 호텔로 샤를 드 골, 앙드레 지드, 제임스 조이스, 사무엘 베케트 등이 찾았음
- 홍익대 초대 건축 학장을 역임하고, 가나아트센터, 인천국제공항을 설계한 세계적 건축가 장 미셸 빌모트(Jean-Michel Wilmotte)의 주도로 2014년 전면 재공사에 들어가 2018년 7월 새롭게 오픈함
- 총 187개의 객실과 47개의 스위트룸이 있으며 이 중에서 5개의 스위트룸은 파리 시내를 360도 바라볼 수 있는 테라스가 존재함
- 각종 부대시설로 대형 스파 및 수영장, 미팅룸, 미슐랭 별 3개 셰프인 제랄드 파세다(Gérald Passedat)가 운영하는 호텔 레스토랑이 있음

• 호텔 루테티아 외관

• 호텔 루테티아 객실 내부

출처: hotellutetia.com

• 호텔 루테티아 내부 로비

13. 카페 드 플로르
20세기 프랑스 지성과 문화의 중심지

- Café de Flore. 파리 6구 생 제르맹 거리에 자리한 유서 깊은 카페
- 19세기 말 문을 연 이래로 프랑스의 수많은 유명 정치인들과 지식인 그리고 예술가들의 사랑을 받음
- 20세기 프랑스 지성인들과 예술가 및 정치가들의 휴식처이자 사상 교류의 공간
- 카뮈(Camus), 미테랑(Mitterrand) 등이 자주 방문한 곳으로 명성이 높음
- 바로 근처에 자리한 '카페 레 되 마고(Café Les Deux Magots)'와 함께 20세기 프랑스 지성과 문화 중심지 역할을 했던 파리 카페의 양대 산맥
- 의자와 탁자를 비롯한 내부 장식 또한 20세기 중반기의 모습 그대로 유지

• 카페 드 플로르 외관

HOT BEVERAGES

	€
Special Flore chocolate	7.00
Viennois chocolate	8.70
Expresso coffee spécial Flore	4.60
Expresso coffee spécial Flore, flavoured with Baileys	9.20
Decafeinated coffee	4.60
Coffee with cream	5.70
Double Expresso coffee	6.80
Cappuccino, Viennois coffee	7.20
Irish Coffee	15.50
Punch *(white rum, syrup of cane sugar)*	14.00
Rum, whisky, brandy grog	12.00
Hot milk	4.20
Mulled wine	9.00
Viandox	6.00

BREAKFAST

Croissant	2.50
Brioche	3.00
Raisin bread	3.00
Chocolate roll	3.00
Toasts and butter	4.50
Blinis *(2 pieces)*	4.50
Piece of bread and butter	3.50
Echiré butter	2.00
Jam	2.20
Honey	2.20
Chips	2.00
Hard-boiled egg	2.50

Price: all taxes and service included

• 카페 드 플로르의 커피(왼쪽)*, 카페 드 플로르 메뉴(오른쪽)

14. 카페 레 되 마고
파리 최초의 카페

- Café Les Deux Magots. 파리 6구 생 제르맹 데 프레 성당 근처에 위치한 파리 최초의 카페
- 19세기 말과 20세기에 생텍쥐페리, 장 지로두, 어니스트 헤밍웨이 등과 같은 대표적인 문인들과 예술가들 그리고 정치인들의 사랑을 받음. 근처에 있는 카페 드 플로르와 함께 프랑스의 지성과 문화 중심지 역할
- 원래 중국산 비단 가게가 있었던 장소에 들어선 카페라서 중국 도자기 인형을 뜻하는 마고(Magot)라는 명칭을 사용
- 현재까지 1915년경의 옛 카페 장식을 그대로 유지하고 있음
- 각 유명인이 지속적으로 앉아 있던 자리에는 유명인들의 명찰이 자리에 새겨져 있음
- 1933년부터 프랑스 소설과 작가를 선정해서 '되 마고 상(Prix des Deux Magots)'을 수여함

• 카페 레 되 마고

• 과거의 카페 레 되 마고

• 카페 레 되 마고 내부에 전시된 중국식 인형

15. 생 제르맹 데 프레 성당
파리에서 가장 오래된 성당

- Abbaye de Saint Germain des Prés. 파리 중심부 생 제르맹 데 프레 지구에 있던 프랑스에서 가장 오래된 성당으로 로마네스크 양식으로 지어졌으며 1021년 현재의 모습으로 건축됨
- 킬데베르(Childebert) 왕이 스페인에서 돌아온 예수가 매달렸던 십자가의 조각이 담긴 상자와 수호성인 빈센트의 성의를 보관하기 위해 558년 파리의 주교 생 제르맹과 함께 건립
- 8세기경 베네딕토 수도회에 의한 유력한 종교적, 문화적 거점이 됨
- 내부에는 대리석으로 된 아름다운 〈성모자상(聖母子像)〉과 르네 데카르트, 니콜라 부알로의 묘비 등이 있음
- 유명한 로마네스크의 주두(柱頭) 조각은 현재 클뤼니 미술관에 소장 중
- 과거 데카르트가 안장되어 있었지만 프랑스 혁명 당시 그의 유골을 다시 팡테옹에 안장해 현재는 데카르트의 유골이 있었던 위치가 보존되어 있음
- 앞의 공원에는 피카소가 자신의 연인이었던 도라 마르(Dora Maar)를 모델로 한 흉상이 자리 잡고 있으며 이것은 피카소가 1959년 자신의 친구인 시인 기욤 아폴리네르(Guillaume Apollinaire)를 기리며 공원에 기부한 것

• 생 제르맹 데 프레 성당 외관

• 생 제르멩 데 프레 성당 내부

16. 시테섬

센강 중심에 위치한 파리의 발상지

1. 개요

- I'le de la Cité. 섬의 이름 시테(Cité)는 프랑스어로 '도시'를 뜻함
- 서기전 2세기 파리시이(Parisii)라는 이름의 골족 마을 형성이 되었던 곳. 파리 문명이 시작된 파리의 발상지로 센강 가운데 있음
- 5세기 말 클로비스(Clovis) 왕이 이민족을 물리친 이후 시테섬을 프랑크 왕국에 병합한 뒤 프랑크 왕국의 수도 역할을 함
- 길이 약 914m, 너비 약 183m로 파리 시가의 중심을 이룸
- 현재의 모습은 루이 필리프 왕과 나폴레옹 3세의 도시계획에 의해 만들어짐
- 섬 중심부 재건설을 위해 당시 2만 5,000명의 섬 주민을 이주시켰고 법원 건물과 중앙도로를 확장함
- 시테섬에는 유서 깊은 건축물이 많은데 대표적으로 노트르담 대성당과 생트 샤펠 성당이 있음

• 시테섬 전경

출처: 구글어스

2. 특징

- 1850년대까지만 하더라도 주택 단지와 상업 단지만 존재
- 현재는 사법부 청사와 병원, 파리 경찰청 청사가 들어섬
- 파리에서 가장 오래된 다리인 퐁뇌프를 포함하여 9개의 다리가 시테섬에 연결되어 있으며 이를 통해 시내로 이동할 수 있음

3. 대표 건축물

1) 생트 샤펠 성당(Sainte-Chapelle)

- 1248년 루이 9세가 지은 고딕 양식의 성당 건물
- 콘스탄티노플 황제에게 선물받은 예수의 가시면류관과 십자가 조각을 보관 중
- 성당 내부의 스테인드글라스가 특징
- 미사를 보는 곳이 2곳으로 나뉘어 있는데 위층에서는 왕족이 미사를 보았으며 아래층에서는 왕궁에서 일하는 사람들이 미사를 보았음
- 생트 샤펠 성당의 특징 중 하나는 지붕을 예수님의 가시관을 모티브로 만들었다는 것

• 생트 샤펠 성당 외관

• 1903년의 생트 샤펠 성당 외관*

• 생트 샤펠 성당 내부 스테인드글라스

2) 콩시에르주리(Conciergerie)

- 최고재판소(Palais de Justice)의 일부로서 필리프 4세가 지은 궁전의 일부
- 감옥으로 사용되었으며 프랑스 혁명 당시 혁명 재판소로 사용되었음
- 프랑스 혁명 당시 마리 앙투아네트가 처형된 곳으로 유명함
- 콩시에르주리의 가장 좌측에 있는 사각형 탑은 파리 최초로 세워진 시계탑으로 샤를 5세가 지었으나 현재의 모습은 앙리 3세 때 만들어짐
- 시계탑의 시계를 중심으로 양쪽에는 법과 정의를 상징하는 조각이 자리해 있음

• 콩시에르주리 외관

• 1853년의 콩시에르주리*

• 콩시에르주리 내부*

17. 노트르담 대성당

파리의 대표적 랜드마크이자 고딕 양식 최고의 작품

1. 개요

- Cathédrale Notre-Dame de Paris. 고딕 양식 최고의 걸작품으로 파리시 중심의 시테섬에 위치
- 'Norte'는 우리의, 'Dame'은 여자라는 의미로 성모 마리아를 의미함
- 파리 주교 모리스 드 쉴리(Maurice de Sully)가 건립 결정
- 1163년에 짓기 시작하여 200년에 걸친 대역사 끝에 1345년 완공
- 1831년 프랑스 최고 문호인 빅토르 위고의 《파리의 노트르담》이라는 소설이 출간되면서 전 국민의 선풍적 인기를 얻게 됨
- 1841년 루이 필리프 왕이 그동안 버림받다시피 했던 노트르담 대성당을 대대적으로 복원시켜 오늘에 이름

2. 특징

- 성당 정면은 3개의 문으로 구성
- 중앙문(정문): '최후의 심판문(Portail du Jugement dernier)'으로 불리며 여섯 단의 아치 형태로 구분되어 있고 최후의 심판을 하는 예수의 모습이 있어 하늘나라의 심판대를 상징

257

- 좌측문: 하늘나라를 의미하며 '성모 마리아 문'으로 불리는데 맨 윗부분의 성모 마리아 대관 모습은 중세 종교 예술에서 가장 뛰어난 것으로 평가
- 우측문: 지옥을 의미하며 '성녀 안나의 문'으로 불리는데 성모 마리아의 부모 성녀 안나와 요하킴에 바치는 부조물
- ■ 나폴레옹이 1804년 12월 2일 노트르담 성당에서 대관식을 거행
- ■ 프랑스 대혁명 당시 노트르담 성당의 스테인드글라스를 모두 파괴하고 무색 유리로 대체하였으며 노트르담 성당의 정면에 존재하는 28대의 왕들은 프랑스 왕조로 오해받아 파괴되었음
- ■ 내부의 장미창은 1250년 완성되었고, 18세기에 장미창 전체를 유리로 교체했다가 1845년 이후 스테인드글라스를 복원함

• 노트르담 대성당 외관

• 노트르담 대성당 내부

3. 노트르담 성당 화재

◼ 2019년 4월 15일 발생한 화재로 노트르담 대성당의 첨탑과 지붕이 무너짐

◼ 내부의 스테인드글라스와 목조 실내 장식이 파괴됨

• 노트르담 성당 대화재

• 복원 중인 노트르담 성당

18. 셰익스피어 앤드 컴퍼니

파리에 위치한 영어 전문 서점

1. 개요

- Shakespeare and Company. 1919년 파리에 거주하던 미국인 출판업자 실비아 비치가 파리의 뒤퓌트랑가 8번지에 셰익스피어 앤드 컴퍼니를 열고 윌리엄 셰익스피어가 집필한 시와 희곡 등의 희귀한 판본들을 판매했음
- 현재는 서점을 방문하는 지식인들의 토론장으로 쓰였던 역사를 반영하여 서점과 카페의 역할을 겸하고 있음

• 셰익스피어 앤드 컴퍼니 외관

2. 역사와 특징

- 이곳을 방문한 유명 인사로는 아일랜드의 소설가인 제임스 조이스와 미국의 소설가인 어니스트 헤밍웨이, 역시 미국 출신이었던 소설가 주나 반스 등이 있었고, 이들에 의해 셰익스피어 앤드 컴퍼니가 유명세를 얻으면서 파리의 관광 명소로 널리 알려짐

- 1941년에 나치 독일에 의해 파리가 점령된 후에 서점 사장인 실비아 비치가 독일 국방군 소속의 한 장교에게 제임스 조이스의 소설인 《피네간의 경야》 판매를 거부한 것이 원인이 되어 독일군에 의해 서점이 강제로 폐업 처리당함

- 1945년에 독일이 패하면서 파리에서 철수한 뒤인 1951년에서야 현재의 위치인 파리 부슈리가 37번지에 서점을 다시 개업

- 재개장 당시의 사장은 미국의 출판업자였던 조지 휘트먼이었고, 그의 방침에 따라 서점의 명칭이 잠시 르 미스트랄(Le Mistral)로 바뀜

- 1964년에 초대 사장인 실비아 비치가 사망하자 다시 원래의 이름인 셰익스피어 앤드 컴퍼니로 돌아옴

- 2011년에 2대 사장인 조지 휘트먼이 사망하자 그의 딸인 실비아 휘트먼이 3대 사장으로 취임

- 용역을 하는 조건으로 저소득층에게 무료 숙박을 허가하는 것으로 유명

• 셰익스피어 앤드 컴퍼니 입구

19. 생투앙 벼룩시장

파리 최대의 벼룩시장

▣ Marché aux Puces de Paris Saint-Ouen. 파리 생투앙 크리냥쿠르역 근처에서 열리는 파리 최대의 벼룩시장

▣ 매주 주말 십만 명이 넘는 사람들이 방문, 수천여 상점에서 다양한 고가구와 미술품, 중고 서적, 의류, 인테리어 소품, 음반, 생활용품 등이 거래됨

▣ 몽트뢰유 벼룩시장, 방브 벼룩시장과 함께 파리의 3대 벼룩시장으로 꼽히는데, 그중에서도 가장 규모가 크고 오래된 시장

▣ 19세기 말 처음 문을 열었는데, 처음에는 규모가 그리 크지 않았으나 20세기 초 파리와 생투앙 사이 교류가 활발해지고 피카소 등 유명 화가의 작품이 발견되면서 유명해져 3만㎡가 되는 넓은 시장이 형성됨

• 생투앙 벼룩시장

출처: 플리커 – Paris Sharing

20. 오랑주리 미술관
과거 오렌지 나무를 위한 온실을 미술관으로

1. 개요

- Musée de l'Orangerie. 파리 3대 미술관 중 하나
- 1852년 건축가 피르맹 부르주아(Firmin Bourgeois)에 의해 건축됨
- 파리 1구 콩코르드 광장 옆 튈르리 정원 내에서 센강과 마주함
- 클로드 모네, 폴 세잔, 앙리 마티스, 파블로 피카소, 모딜리아니, 르누아르 등 인상주의와 후기 인상주의 화가의 회화 작품으로 구성

• 오랑주리 미술관 외관*

2. 역사와 특징

- 오랑주리 미술관의 건물은 원래 루브르 궁의 튈르리 정원에 있는 오렌지 나무를 위한 겨울 온실이었음

- 1921년 죄 드 폼(Jeu de Paume)처럼 오랑주리는 당대 예술품을 위한 모던 갤러리로 지정되면서 용도가 미술관으로 변경됨

- 1914년 클로드 모네가 그의 대작 〈수련(Nymphéas)〉을 기증하며, 미술관은 모네의 거대한 작품을 전시하기 위한 공간 설계에 착수

- 이후 1960년대와 21세기 초반 리노베이션을 단행한 후 2006년 재개관

- 1층은 모네의 작품을 위한 전시 공간으로 사용, 그 외의 전시관에서는 피카소, 마티스, 드랭, 르누아르, 세잔, 루소, 모딜리아니의 작품 전시

• 오랑주리 미술관에 전시된 모네의 〈수련〉

• 오랑주리 미술관 내부

• 오랑주리 미술관 내 전시실

• 오랑주리 미술관 내 전시실

21. 팡테옹
프랑스의 위대한 인물들을 추모하기 위한 전당

1. 개요

- Panthéon. 파리 라탱 지구에 있는 건축물로 파리 전체를 볼 수 있음
- 루이 15세가 병석에서 자신이 회복되면 폐허가 된 과거의 성(聖) 주느비에브 신전을 성당으로 바꿀 것이라고 맹세했고, 병세에서 회복된 후 맹세를 이행함
- 입구의 삼각형 부조 아래에는 '조국이 위대한 사람들에게 사의를 표하다 (AUX GRANDS HOMMES LA PATRIE RECONNAISSANTE)'라는 글자가 새겨져 있음
- 원래 성 주느비에브에게 봉헌된 교회였으나, 수많은 변화를 거쳐 현재는 예배 장소와 위인들의 묘지 역할이 복합됨
- 최초의 기념비적인 신고전주의 건물로 파사드(Façade, 건물의 정면)를 로마의 판테온에서 따와 브라만테의 템피에토와 비슷하게 생긴 돔이 얹혀 있음

• 팡테옹 외관

2. 역사

- 현재의 자리에는 5세기경 훈족의 침입을 막도록 이끌었던 '성녀 주느비에브'의 신전이 있었지만 폐허 상태로 변함
- 1744년 루이 15세가 갑작스런 병을 앓았는데 만약 병이 낫는다면 '성녀 주느비에브'를 기리는 성당을 짓겠다는 서원 기도를 한 후, 완쾌한 뒤 건축가 수플로(Soufflot)을 고용해 1758년부터 성당 공사를 시작함
- 수플로는 완공을 지켜보지 못하고 세상을 떴고 뒤를 이어 롱들레(Rondelet)가 건축을 맡아 1790년 완공함
- 프랑스 대혁명 당시 프랑스를 위한 위인들을 위해 납골당으로 변하며 올림푸스 신들을 모시는 신전이란 의미의 판테온에서 따온 '팡테옹'으로 바뀜
- 팡테옹에 안장된 위인들은 철학자 장자크 루소, 프랑스 대표 문호 빅토르 위고, 소설가 에밀 졸라, 《삼총사》, 《몽테크리스토 백작》, 《철가면》을 쓴 알렉상드르 뒤마 등이 있음

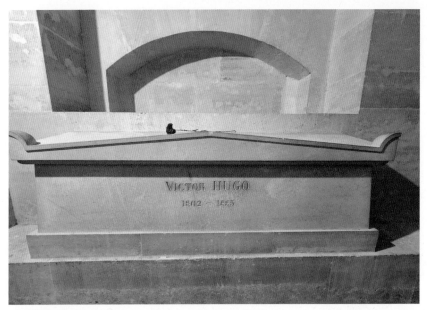

• 빅토르 위고의 묘지

• 팡테옹 내부

22. 몽파르나스 타워
파리에 위치한 사무용 빌딩

1. 개요

■ Tour Montparnasse. 파리의 몽파르나스에 위치한 사무용 빌딩

■ 210m의 높이로 완공 당시 파리에서 가장 높은 마천루였으며, 2011년 라데 팡스의 퍼스트 타워(높이 231m)가 완공됨에 따라 2순위로 밀림

■ 유럽 연합에서 14번째로 높은 건물

■ 건축가 외젠 보두앵, 위르벵 카상, 루이 오임 드 마리앙이 설계를 맡았고 캉 프농 베르나르사에서 건축을 맡아 1969년 착공, 4년간의 공사 기간을 거쳐 1973년 완공

■ 2024년 7월 파리올림픽을 앞두고 2024년 6월 리모델링을 완공함

• 몽파르나스 타워 전경

2. 구조 및 특징

▣ 몽파르나스 타워는 총 59층 규모의 타워로서 대다수 층이 사무 공간

▣ 꼭대기 층에 테라스가 있어 누구든 파리의 전망을 즐길 수 있음

▣ 총 58개의 LED 조명이 네 구역에 따라 설치되어 있으며, 약 4만 개에 달하는 광점을 사계절에 맞추어 아름답게 빛낼 수 있음

▣ 단순한 건축 구조, 큼직한 비중, 획일적인 외관 등이 파리시의 풍경과 동떨어져 있다는 비판을 받기도 하는데, 이 때문에 타워가 완공되고 2년 후에는 파리 도심에서 7층 이상 규모의 건축물 시공을 전면 금지하는 결과를 낳기도 함

• 몽파르나스 타워 내 쇼핑 센터*

23. 갈르리 라파예트

파리에서 꼭 가봐야 할 대표 백화점

- Galeries Lafayette. 파리를 대표하는 백화점으로, 1893년 테오필 바데르 (Théophile Bader)와 알퐁스 칸(Alphonse Kahn)이 라파예트 거리에서 문을 연 작은 옷가게로 시작하여 현재 전세계 60개의 지점이 있음
- 백화점 내에는 약 7만 5,000개 가량의 브랜드가 입점하여 있고 여성관(구르 메관 포함), 남성관, 메종관으로 구성되어 있으며 그중에서 여성관이 가장 규모가 큼
- 매주 금요일 본관 7층에 있는 살롱 오페라에서 패션쇼가 열림
- 1900년대 대규모로 확장되어 현재의 모습이 되었으며 에두아르 브리에르 (Edouard Brière)가 재건축했던 아르누보 양식의 발코니를 포함하여 33m 높이의 네오 비잔틴 양식의 초대형 돔이 특징임
- 본관 7층 옥상에서는 파리 시내 뷰를 감상할 수 있음

• 갈르리 라파예트 외관

• 갈르리 라파예트 내부 매장*

24. 앵발리드
다양한 건축물이 모여 있는 종합 전시장

1. 개요

- Invalides. 군사 박물관, 군사 입체 모형 박물관, 해방 훈장 박물관, 현대사 박물관, 생 루이 데 앙발리드 교회 등 여러 기념물이 집합되어 있는 파리 최대 종합 전시장
- 1671년 루이 14세가 부상병을 간호하는 시설로 계획하고 리베랄 브뤼앙 (Libéral Bruant)이 디자인을 지휘, 1674년부터 부상병들이 간호를 받기 시작
- 1840년 나폴레옹의 유해가 돌아와 돔 교회의 지하 묘소에 안장되었고, 그 주위에 나폴레옹의 친족이나 프랑스의 유명한 장군의 묘가 놓임

• 앙발리드 전경*

2. 주요 장소

1) 황금 돔 성당

- 1715년부터 약 2년에 걸쳐 금괴 2개를 발라 도금을 하였으며 나폴레옹 1세
  의 유해가 있음
- 프랑스 군인들의 장례식을 치름

• 앵발리드 외관*

• 나폴레옹의 묘소

2) 앵발리드 광장

- 18세기 초 로베르 드 코트(Robert de Cotte)가 설계한 길로 500m의 길이의 잔 디밭이 깔려 있어 휴식처로 사용되기도 함
- '승리의 대포'라 불리는 청동 대포가 있으며 제1차 세계대전 휴전일을 기념 하여 특별한 날에 사용되기도 함

• 앵발리드 '명예의 광장'

• 앵발리드 명예의 광장 내에 위치한 승리의 대포*

3) 군사 박물관

- 선사시대부터 1945년까지 프랑스의 군사 및 역사와 관련된 무기, 방어구, 대포 등 약 50만 점의 유물을 가지고 있음
- 나폴레옹이 사용했던 유품들 및 유배지의 생활상을 옮겨 와 재현하였으며 애마와 애견 또한 박제되어 있음

• 앵발리드 군사 박물관 전시품*

• 앵발리드 군사 박물관에 전시된 군인 의복

출처: musee-aremee.fr

25. 로댕 박물관
장미꽃 정원이 아름다운 곳

- Musée Rodin. 파리 7구에 있는 박물관으로 오귀스트 로댕의 작품과 로댕이 수집한 미술품을 중심으로 소장하고 있음
- 프랑스 문화부가 관리하고 있으며 루브르, 베르사유, 오르세 박물관 다음으로 가장 많은 관람객이 찾는 박물관
- 박물관 건물은 로댕이 1908년부터 사망할 때까지 10년 동안 아틀리에로 사용하고 살았던 비롱 저택(Hôtel Biron)임

• 로댕 미술관 외관

■ 1911년 프랑스 정부가 비롱 저택을 매입하였고, 로댕이 자신의 작품과 소장
  품을 국가에 기증하면서 박물관으로 남겨 달라고 제안함
■ 로댕 사후 1919년에 개관하였고, 1993년 리모델링 되었으며 봄이 되면 장미
  꽃이 만개하여 정원을 보기 위해 찾는 사람들도 많음

• 로댕 미술관 정원

• 로댕 미술관 내부 전경

26. 오데옹 극장

유럽에서 가장 오래된 역사적인 극장

- Odéon-Théâtre. 파리의 6구에 위치한 유럽에서 가장 오래된 극장으로 1779년 당시 왕비였던 마리 앙투아네트의 후원으로 당시 최고의 건축가인 마리-조셉 페이레(Marie-Joseph Peyre)와 샤를 드 웨일리(Charles De Wailly)의 설계로 설립되었음
- 현재의 건물은 1858년도에 불타 버린 극장을 건축가 피에르 토마스 바라과이(Pierre-Thomas Baraguay)가 복구한 것으로 과거 오데옹 극장의 특징을 그대로 유지하는 데에 중점을 두면서 현대적인 기능을 추가했음
- 길이 168ft, 너비 112ft, 높이 104ft의 건물의 8개의 도리아식 기둥으로 된 극장의 입구는 오데옹 극장의 웅장하고 위엄 있는 외관을 장식하고 타원형 모양의 극장 내부는 전통적인 디자인을 유지하면서도 최신 음향 시설과 조명을 설치하여 과거와 현재의 조화를 자랑하며 최상의 관람 환경을 제공함

• 오데옹 극장 외관

• 오데옹 극장

출처: www.theatre-architecture.eu

27. 뤽상부르 정원
파리의 햇빛 샤워장

- 파리 6구에 위치한 뤽상부르 정원(Jardin du Luxembourg)은 1612년, 남편 앙리 4세를 잃고 슬픔에 잠긴 마리 드 메디시스 왕비(Marie de' Medicis)의 외로움과 향수를 달래기 위해 설립된 공원으로 크기는 23만m²에 달하며 정형식 프랑스 정원과 왕비의 출신지인 영국식 정원이 어우러진 아름다운 공간임
- 정원 중심부에는 현재 프랑스 상원의 본거지로 사용되고 있는 뤽상부르 궁전과 레르노 연못이 위치해 있으며 연못 주변의 조각상, 잔디밭과 꽃밭, 목조 돛단배를 띄우는 전통적인 놀이를 즐기는 아이들, 과거의 모습을 그대로 간직한 웅장한 궁전의 모습은 평화로운 분위기와 아름다운 풍경을 즐길 수 있는 이상적인 장소임
- 정원 내에는 17세기에 만들어진 메디치 분수(Fontaine Médicis)와 100여 개의 조각상들이 곳곳에 위치해 있으며 프랑스의 여왕들을 기념하는 조각상과 신화적 인물들을 묘사한 역사적인 조각상들을 감상할 수 있음

• 뤽상부르 정원

28. 생 에티엔 뒤 몽

성녀 주느비에브가 잠들어 있는 성당

■ Saint Étienne du Mont. 파리의 몽타뉴 생-주느비에브(Montagne Sainte-Geneviève) 언덕에 위치한 교회로 성녀 주느비에브(Sainte Geneviève)와 유명한 수학자이자 철학자인 블레즈 파스칼(Blaise Pascal)이 잠들어 있는 성당으로 잘 알려져 있음

■ 생 에티엔 뒤 몽은 13세기 건물을 대체하여 15세기 말부터 지어져 1624년에 완성되었고 화려한 고딕 양식과 르네상스 양식이 혼합된 외관은 두 양식이 교차되었던 시기의 건축적 스타일과 예술성을 잘 나타내고 있으며 내부에는 성경 장면과 성인들의 모습이 담겨 있는 다양한 색상의 스테인드글라스 창, 성녀 주느비에브의 유품, 화려한 조각품으로 장식된 제단, 17세기에 제작되어 현재까지도 성당의 주요 악기로 유지되고 있는 거대한 목조 오르간이 있음

■ 우디 앨런(Woody Allen)이 감독한 〈미드나잇 인 파리(Midnight in Paris)〉의 주인공이 과거로 가는 차를 타는 장면을 촬영한 장소인 생 에티엔 뒤 몽 성당 뒤편 계단은 영화 팬들의 성지가 되어 방문객들에게 인기를 끌고 있음

• 생 에티엔 뒤 몽 전경

29. 소르본 대학교

프랑스 최고의 명문 대학교

- Sorbonne Université. 파리의 라탱 지구에 위치한 명문 대학으로 파리 대학교에 뿌리를 두고 있으며 파리 제4 대학교와 파리 제6 대학교의 통합으로 1257년 로베르 드 소르본(Robert de Sorbon)에 의해 설립됨
- 전신인 파리 대학교는 이탈리아의 볼로냐 대학교, 영국의 옥스퍼드 대학교, 케임브리지 대학교와 더불어 서구권 최초의 대학 중 하나로 인문 대학, 자연 과학 및 공과 대학, 의과 대학으로 구성되며 특히 인문학과 과학 분야에서 두각을 나타내고 있음
- 소르본 대학에는 약 5만 5,000명의 학생이 재학 중이며 약 7,300명의 교수 및 연구진들을 통해 다양성, 창의성, 혁신을 장려하며 학생들에게 양질의 학문적 기회와 경험을 제공하고 이러한 연구 성과로 전 세계적으로 인정받는 교육 기관임
- 여러 분야에서 저명한 졸업생을 배출하여 프랑스 과학 아카데미와 의학 아카데미 회원 중 4분의 1 이상이 소르본 대학교 출신이며, 아카데미 프랑세즈의 멤버인 '임모르텔(Immortels)' 중 40%가 이 대학에서 전체 또는 일부 과정을 이수한 것으로 알려져 있음

• 소르본 대학교 입구

30. 팔레 루아얄
프랑스 문화와 행정의 중심지

- Palais Royal. 1639년 리슐리외 추기경을 위해 지어진 뤼 생토노레에 위치한 옛 왕궁으로 17세기 왕실의 거처로 사용되었고 과거 프랑스 혁명의 중심지였으며 현재는 문화와 행정의 중심지 역할을 하고 있음
- 팔레 루아얄 복합 단지에는 프랑스 문화부와 국가 공공 조달청 등 여러 정부 기관의 본부가 위치해 있으며 아름다운 정원, 상점, 레스토랑, 갤러리 등의 다양한 아케이드 시설도 갖춰져 있어 프랑스의 대표적인 랜드마크로 알려짐
- 회랑으로 둘러싸인 프랑스식 중앙 정원은 18세기 후반에 개방되어 현재까지도 대중들에게 사랑받고 있으며 1986년 설치된 다니엘 뷔랑의 작품인 〈뷔랑의 기둥(Les Deux Plateaux)〉 등의 현대 미술 작품과 아름다운 자연 요소가 공존하는 공간임

• 팔레 루아얄 전경

31. 오페라 가르니에
신바로크 양식의 파리 오페라 극장

1. 개요

- Opéra Garnier. 가르니에 궁(Palais Garnier)이라 불리기도 하며 샤를 가르니에가 설계한 신바로크 양식의 대표적인 건물

- 1862년 나폴레옹 3세가 파리 시내를 재정비하면서 '우아한 건물'을 모티브로 공모한 설계 중 샤를 가르니에의 설계도가 선정되어 13년에 걸쳐 1875년 완공됨

- 1989년 바스티유 오페라 극장이 완공됨에 따라 오페라단이 바스티유 오페라 극장을 공식 오페라 극장으로 선택한 뒤 오페라 가르니에라 불림

- 약 2,160석이 마련되어 있으며 추가 여분으로 40석이 있어 관람객들을 2,200명까지 수용 가능함

- 〈빌헬름 텔〉, 〈타이스〉, 〈돈 카를로스〉 등 다양한 오페라를 공연하였으며 현재까지 오페라 약 600편 이상, 발레 300편 이상이 공연되었음

• 오페라 가르니에 외관*

2. 건축적 의미

■ 오페라 하우스 정면에는 조각가 카르포의 〈춤(La Danse)〉 모작이 있으며 당
 시의 조각상 중 선정적이라는 비판을 받음
■ 측면에는 나폴레옹 3세를 위한 전용 입구가 있었으며 여신들이 입구를 받치
 고 있고 문의 상단에는 나폴레옹 가문의 문양인 독수리가 조각되어 있음
■ 내부는 각 층마다 연결되어 있으며 천장에는 샤갈의 그림이 있고 실내는 화
 려한 금 도금과 붉은색의 융단이 특징임

• 오페라 가르니에 내부

출처: operadeparis.fr

• 오페라 가르니에 그랜드 홀*

32. 파리의 광장들

파리를 대표하는 광장들

1. 바스티유 광장

- Place de la Bastille. 1370년부터 1383년까지 지어진 바스티유 성채는 백년전 쟁 당시 샤를 5세(Charles V)의 왕궁과 파리 외곽을 영국군으로부터 보호하 는 요새의 역할 수행
- 루이 13세(Louis XIII) 때부터 요새의 기능을 잃고 감옥으로 쓰임
- 바스티유 감옥은 1789년 시민들의 습격으로 무너지고 감옥의 이름은 1792년부터 형성되기 시작한 광장의 이름으로 남게 됨
- 1793년 광장의 중앙에 분수대가 만들어졌는데, 1808년에는 나폴레옹 1세가 자신의 위상을 드높이기 위해 분수대에 거대한 코끼리상 설치를 계획하고 석고상을 먼저 세웠으나 워털루 전투 이후 나폴레옹의 몰락으로 인해 코끼 리상 또한 철거
- 바스티유 광장(Place de la Bastille)에 세워진 52m 높이의 탑은 루이 필리프 (Louis Philippe) 왕이 1830년 7월 혁명을 기념하기 위해 세운 것으로, 탑 아래 에는 1830년 7월 혁명과 1848년 2월 혁명의 희생자들이 묻혀 있음
- 프랑스 대혁명과 자유를 되찾기 위해 맞선 시민들의 정신을 상징하는 바스 티유 광장은 1989년 오페라 바스티유(Opéra Bastille)가 개관하면서 현재의 모습을 갖춤

JUILLET 1830

2. 레퓌블리크 광장

- Place de la République. 광장의 이름인 레퓌블리크는 '공화국'을 의미
- 파리 3구와 10구, 11구 사이에 위치
- 9세기 초에는 샤토 도(Château-d'Eau) 분수대가 세워진 작은 광장에 불과했으나 나폴레옹 3세의 파리 개조 사업을 통해 오늘날의 모습을 갖추게 됨
- 1879년, 제3공화국 정부는 새로운 공화국을 기념할 건축물 공모전을 주최, 모리스(Morice) 형제가 기획한 동상과 받침대를 채택하였으며 1883년 9.5m 높이의 마리안느 동상과 자유, 평등, 박애를 상징하는 여성상을 조각한 15m 의 받침대가 세워짐
- '공화국'이라는 이름의 상징성과 편리한 접근성으로 각종 행사의 집결지로 유명

• 레퓌블리크 광장*

3. 콩코르드 광장

- Place de la Concorde. 프랑스에서 가장 크고 뛰어난 광장으로 손꼽힘
- 1755년 루이 15세의 기마상 장식을 위한 '루이 15세의 광장'으로 만들어졌다가 제1공화국 정부가 화합을 상징한다는 의미로 화합과 조화를 뜻하는 '콩코르드'로 이름을 변경함
- 1770년 루이 16세와 마리 앙투아네트의 결혼식이 거행된 장소
- 원래 이집트의 루크소르 신전 입구에 세워져 있던 두 개의 오벨리스크 중 하나로 1829년 이집트의 총독인 무하마드 알리 파샤가 프랑스 왕 샤를 10세에게 외교적 선물로 기증한 것
- 오벨리스크를 중심으로 북쪽의 마들렌 교회와 강 건너 국회의사당이 대칭을 이루며, 서쪽으로는 개선문과 샹젤리제 대로가 위치함

• 콩코르드 광장

33. 파리 인근 예술 명소

예술계를 대표하는 화가들이 살았던 파리의 예술 명소

1. 지베르니

- Giverny. 화가 클로드 모네(Claude Monet)가 1883년부터 1926년까지 살다가 생을 마감한 곳으로 모네의 집과 정원이 있음
- 매년 50만 명 이상의 관광객이 다녀가며 파리에서 서쪽으로 약 76km 정도 떨어져 있음
- 모네의 〈수련〉의 배경이 되는 곳으로 모네의 집에서는 그가 모은 일본의 판화 등 수집품들을 구경할 수 있음

• 지베르니 모네의 집*

• 지베르니 정원의 구름다리

출처: giverny.org

• 지베르니 정원의 산책로*

2. 바르비종

- Barbizon. 퐁텐블로(Fontainebleau) 숲과 멀지 않은 곳에 위치
- 아기자기한 돌담과 기왓장을 얹은 작은 집과 예술 갤러리들이 늘어서 있어 산책하기 좋은 예쁜 동네로 유명
- 바르비종파(Ecole de Barbizon)가 생길 정도로 많은 화가들이 정착하여 살았으며 19세기 말 대표적인 화가로 밀레(Millet)와 루소(Rousseau)가 있음
- 바르비종의 화가들이 아지트로 삼았던 간느 여인숙(Auberge du Pére Ganne)은 현재 미술관으로 사용되고 있으며 루소의 작업실 역시 미술관 부속 전시장으로 사용됨

• 바르비종 거리*

• 바르비종 밀레의 집*

• 바르비종 거리*

3. 오베르쉬르우아즈

- ▣ Auvers sur Oise. 파리에서 30km가량 떨어져 있음
- ▣ 네덜란드 출신의 인상파 화가 반 고흐(Van Gogh)가 37세의 나이로 짧은 생을 마감한 곳
- ▣ 역사 기념물로 지정된 고흐의 집은 당시의 모습을 그대로 유지하고 있어 세계적인 명성과 작품들에 가려진 반 고흐의 사적인 공간과 일상생활을 들여다볼 수 있음
- ▣ 오르세 미술관에 전시된 〈오베르쉬르우아즈의 교회〉는 강렬한 인상을 주는 그림이지만, 실제 교회는 그림과 달리 잔잔한 매력이 있음

• 오베르쉬르우아즈에서 고흐가 지냈던 여관*

• 빈센트 반 고흐와 동생 테오 반 고흐의 무덤*

• 오베르쉬르우아즈 교회 실물(왼쪽)과 고흐가 그린 교회(오른쪽)*

34. 베르사유 궁전
바로크 양식을 대표하는 호화로운 건축물

1. 개요

- Château de Versailles. 파리 근교 베르사유에 있는 왕궁으로 바로크 양식의 대표적인 건축물이며 호화로운 건물, 광대하고 아름다운 정원과 분수, 거울의 방 등으로 유명함
- 원래 루이 13세가 1623년에 사냥을 하기 위해 만든 여름 별장으로, 1661~1678년까지 대대적인 증축을 거쳐 왕궁으로서의 모습을 갖추게 됨
- 1789년 혁명과 함께 왕실이 강제로 파리로 되돌아갈 때까지 베르사유 궁전은 프랑스의 구체제 절대왕정 시기의 권력 중심지였음
- 프랑스-프로이센 전쟁(Franco-Prussian War)에서 승리한 독일이 전쟁의 마무리 조약과 빌헬름 1세의 즉위식을 거울의 방에서 거행하였으며 제1차 세계대전의 종결 조약이었던 베르사유 조약 역시 1919년 6월 28일 거울의 방에서 진행됨

• 베르사유 궁전 외관*

2. 구조와 특징

■ 한 번에 2만 명 수용 가능한 800ha 규모의 커다란 정원이 둘러싸고 있음

■ 정원에는 루이 14세의 별궁이었던 대트리아농(Grand Trianon)과 루이 15세
가 아내 퐁파두르 부인을 위해 지어 준 소트리아농(Petit Trianon)을 포함하여
여러 개의 작은 궁전들이 있음

■ 오스트리아의 쇤브룬 궁전, 독일 바이에른 님펜부르크 궁전 등 유럽 내 다른
여러 나라의 궁전의 롤모델 역할을 함

■ 정원 내 1,500m에 달하는 대운하는 구체제 당시 뱃놀이를 위한 곳으로 사용

■ 당시 루이 14세 왕가뿐만 아니라 수천 명의 귀족들이 살았는데 화장실 시설
이 없어서 궁전 복도 구석이나 정원에서 볼일을 보는 경우가 허다하였으며
악취와 오물로 악명 높았음

■ 루이 14세는 오렌지 나무를 궁전 내에 배치해 냄새를 제거하려 시도함

■ 베르사유 궁전이 실제 궁전으로 사용된 기간은 매우 짧음

• 베르사유 궁전 내 거울의 방*

35. 디즈니랜드 파리
유럽 최대의 테마파크

■ Disneyland Paris. 파리 근교의 마른라발레에 있는 유럽 최대의 테마파크

■ 유럽 지역에서 건설된 첫 디즈니 공원으로, 1992년 4월 12일 개장

■ 공식 명칭은 '유로 디즈니 리조트 파리'

■ 22만 3,000m² 규모로 파리 시가지 넓이의 5분의 1에 해당. 부지 안에는 디즈
  니랜드호텔 등 각종 숙박 시설이 들어서 있으며, 총 객실 수는 5,200실에 이름

■ 테마파크의 경제적 파급 효과를 노린 프랑스 정부의 적극적인 유치

■ 메인 스트리트 U.S.A., 개척의 나라, 모험의 나라, 환상의 나라, 발견의 나라
  등 5개 테마파크로 구성되어 있으며, 골프 코스와 테마호텔 6동 등 부대시설
  갖춤

■ 개장 초기에는 비싼 입장료와 미국 문화에 대한 프랑스인들의 반감, 와인(포
  도주) 판매 금지 등에 대한 반발 등 여러 가지 이유로 입장객 수도 적고 언론
  의 반응도 냉담했음

■ 개장한 지 10년이 지나면서 다른 디즈니랜드와 달리 주류인 와인 판매를 허
  용하는 등 사업부의 노력에 힘입어 2000년에는 한 해 1,540만 명의 입장객
  수를 기록함

• 디즈니랜드 파리 전경   출처: disneylandparis.com

6

기타 자료

1. 세계 주요 도시별 면적·인구 현황(2023년 기준)

도시	면적(km²)	인구(명)	인구밀도(명/km²)
뉴욕	789.4	8,258,035	10,461
런던	1,579	8,982,256	5,689
파리	105.4	2,102,650	19,949
도쿄	2,194	13,988,129	6,376
베를린	891	3,769,495	4,231
함부르크	755	1,910,160	2,530
서울	605.2	9,919,900	16,397
암스테르담	219.3	821,752	3,747
로테르담	319.4	655,468	2,052
샌프란시스코	121.5	808,437	6,654
밀라노	181.8	1,371,498	7,544
베네치아	414.6	258,051	622

2. 세계 초고층 빌딩 현황

순위	건물 명칭	도시	국가	높이(m)	층수	착공	완공(예정)	상태
1	부르즈 칼리파	두바이	사우디아라비아	828	163	2004	2010	완공
2	메르데카 118	쿠알라룸푸르	말레이시아	680	118	2014	2023	완공
3	상하이 타워	상하이	중국	632	128	2009	2015	완공
4	메카 로얄 시계탑	메카	사우디아라비아	601	120	2002	2012	완공
5	핑안 금융 센터	심천	중국	599	115	2010	2017	완공

순위	건물 명칭	도시	국가	높이 (m)	층수	착공	완공 (예정)	상태
6	버즈 빙하티 제이콥 앤 코 레지던스	두바이	사우디 아라비아	595	105		2026	건설중
7	롯데월드타워	서울	한국	556	123	2009	2016	완공
8	원 월드 트레이드 센터	뉴욕	미국	541	94	2006	2014	완공
9	광저우 CTF 파이낸스 센터	광저우	중국	530	111	2010	2016	완공
10	텐진 CTF 파이낸스 센터	텐진	중국	530	97	2013	2019	완공
11	CITIC 타워	베이징	중국	527	109	2013	2018	완공
12	식스 센스 레지던스	두바이	사우디 아라비아	517	125	2024	2028	건설중
13	타이베이 101	타이베이	중국	508	101	1999	2004	완공
14	중국 국제 실크로드 센터	시안	중국	498	101	2017	2019	완공
15	상하이 세계 금융 센터	상하이	중국	492	101	1997	2008	완공
16	텐푸 센터	청두	중국	488	95	2022	2026	건설중
17	리자오 센터	리자오	중국	485	94	2023	2028	건설중
18	국제상업센터	홍콩	중국	484	108	2002	2010	완공
19	노스 번드 타워	상하이	중국	480	97	2023	2030	건설중
20	우한 그린랜드 센터	우한	중국	475	101	2012	2023	완공
21	토레 라이즈	몬테레이	멕시코	475	88	2023	2026	건설중
22	우한 CTF 파이낸스 센터	우한	중국	475	84	2022	2029	건설중
23	센트럴파크 타워	뉴욕	미국	472	98	2014	2020	완공
24	라크타 센터	세인트 피터스버그	러시아	462	87	2012	2019	완공
25	빈컴 랜드마크 81	호치민	베트남	461	81	2015	2018	완공

3. 세계 주요 도시의 공원

번호	도시, 국가	공원 이름	면적(km²)	설립 연도
1	런던, 영국	리치먼드 공원(Richmond Park)	9.55	1625
2	파리, 프랑스	부아 드 불로뉴(Bois de Boulogne)	8.45	1855
3	더블린, 아일랜드	피닉스 공원(Phoenix Park)	7.07	1662
4	멕시코시티, 멕시코	차풀테펙 공원(Bosque de Chapultepec)	6.86	1863
5	샌디에이고, 미국	발보아 파크(Balboa Park)	4.9	1868
6	샌프란시스코, 미국	골든게이트 공원(Golden Gate Park)	4.12	1871
7	밴쿠버, 캐나다	스탠리 파크(Stanley Park)	4.05	1888
8	뮌헨, 독일	엥글리셔 가르텐(Englischer Garten)	3.70	1789
9	베를린, 독일	템펠호퍼 펠트(Tempelhofer feld)	3.55	2010
10	뉴욕, 미국	센트럴 파크(Central Park)	3.41	1857
11	베를린, 독일	티어가르텐(Tiergarten)	2.10	1527
12	로테르담, 네덜란드	크랄링세 보스(Kralingse Bos)	2.00	1773
13	런던, 영국	하이드 파크(Hyde Park)	1.42	1637
14	방콕, 태국	룸피니 공원(Lumpini Park)	0.57	1925
15	글래스고, 영국	글래스고 그린 공원(Glasgow Green)	0.55	15세기
16	도쿄, 일본	우에노 공원(Ueno Park)	0.53	1924
17	암스테르담, 네덜란드	폰덜 파크(Vondel park)	0.45	1865
18	함부르크, 독일	플란텐 운 블로멘(Planten un Blomen)	0.47	1930
19	로테르담, 네덜란드	헷 파크(Het Park)	0.28	1852
20	도쿄, 일본	하마리큐 공원(Hamarikyu Gardens)	0.25	1946
21	에든버러, 영국	미도우 공원(The Meadows)	0.25	1700년대
22	바르셀로나, 스페인	구엘 공원(Park Güell)	0.17	1926
23	밀라노, 이탈리아	몬타넬리 공공 공원 (Giardini pubblici Indro Montanelli)	0.17	1784
24	파리, 프랑스	베르시 공원(Parc de Bercy)	0.14	1995
25	서울, 한국	여의도 공원(Yeouido Park)	0.23	1972
26	서울, 한국	서울숲(Seoul Forest)	0.12	2005

7

참고 문헌 및 자료

건진현. (2011). 파리시의 현대공원에 나타난 도심공원의 새로운 역할에 관한 고찰

국토연구원 도시연구본부 (2015.09). 해외출장복명서

국회입법조사처. (2018.06). 영국 및 프랑스 출장보고서

박진아. (2003). 19세기 오스만에 의한 파리개발계획의 구조 분석. 대한건축학회

양우현. (1995). 파리의 예술가 - 오스만

외교통상부. (2018). 프랑스 개황

유럽 도시 선진 주거단지 및 도시 재생 사례 연구, SH공사 도시연구소, 2012

이금진.. (2016). 주거, 문화, 오픈스페이스를 고려한 암스테르담 이스턴하버지역 수변개발 특성 연구. 대학건축학회 논문집

이왕건 외. (2015). 도시재생 선진사례와 미래형 도시정책수립방향

정연찬. (2015). 유럽의 도시개발사례연구, 한국지방자치단체 국제화재단

최민아. (2014). 파리 오스만 도시정비사업에 의한 근대 도시계획제도 도입 및 발전 연구. 공간과 사회

Andrea Colantonio and Tim Dixon (2011) Urban Regeneration & Social SustainabilityBest practice from Europe Cities

Antoni Remesar (2016) The Art of Urban Design in Urban Regeneration, Universitat de Barcelona

De Gregorio Hurtado, S. (2012). Urban Policies of the EU from the perspective of Collaborative Planning. The URBAN and URBAN II Community Initiatives in Spain. PhD Thesis.Universidad Politécnica de Madrid.

De Gregorio Hurtado, S. (2017): "A critical approach to EU urban policy from the viewpoint of gender", en Journal of Research on Gender Studies, 7(2), pp. 200~217.

De Luca, S. (2016). "Politiche europee e città stato dell'arte e prospettive future", in Working papers. Rivista online di Urban@it, 2/2016. Accesible en: http://www.urbanit.it/wp-content/uploads/2016/10/6_BP_De_Luca_S.pdf (last accessed 5/9/2017).

Elsevier (2011) The importance of context and path dependency

European Commission (2008). Fostering the urban dimensión. Analysis of the operational programmes co-financed by the European Regional Development Fund (2007~2013). Working document of the Directorate-General for Regional Policy.

Informal meeting of EU Ministers on urban development (2007): Leipzig Charter. Available in: http://ec.europa.eu/regional_policy/archive/themes/urban/leipzig_charter.pdf (last-accessed: 2/9/2017

John Shearman. Only Connect Art and the Spectator in the Italian Renaissance. Princeton University Press

Journal Of Urban Planning, (2017.06) Urban regeneration in the EU, Territory of Research on Settlements and Environment International

PWC (2018) Emerging Trends in Real Estate Reshaping the future Europe

PWC. (2018). Emerging Trends in Real Estate

Ráhel Czirják, László Gere (2017.11) The relationship between the European urban development documents and the 2050 visions

Randy Shaw. Generation priced Out. University of California Press

Richard Senett. Building and Dwelling. Farrar, Straus and Giroux

BBC. (2016.01.26.). The man who created Paris IAU ÎLE-DE-FRANCE. 2019 PARIS FIGURE

RATP. (2018.03). Urban regeneration cooperation between public and private sectors
Case Study Fondation Louis Vuitton, Kuraray and Dow Corning Corporation, 2015

Chris Couch. (2011). Thirty years of urban regeneration in Britain, Germany and France: The importance of context and path dependency

Cysek-Pawlak M. M. (2018). Mixed use and diversity as a New Urbanism principle guiding the renewal of post-industrial districts. Case studies of the Paris Rive Gauche and the New Centre of Lodz, Urban Development Issues, vol. 57, pp. 53~62, 2018

De Gregorio Hurtado, S. (2012). Urban Policies of the EU from the perspective of Collaborative Planning The URBAN and URBAN II Community Initiatives in Spain. PhD Thesis.Universidad Politécnica de Madrid.

De Gregorio Hurtado, S. (2017). "A critical approach to EU urban policy from the viewpoint of gender", en Journal of Research on Gender Studies, 7(2), pp. 200~217

Encore Heureux (2014) Infinite Places, Institut Francais Edited by

European Commission. (2008.11). Fostering the urban dimensión Analysis of the operational programmes co-financed by the European Regional Development Fund (2007~2013)

Herve Martin, (2010) To Modern Architecture in Paris,

Hutton. T. (2015). New Urbanism: Life, Work and Space in the New Downtown

International Jounal of Urban Planning (2017.06). Urban regeneration in the EU, Territory of Research on Settlements and Environment

La Défense. Une nouvelle phase de développement pour le quartier d'affaires, 2006, Le Moniteur des Travaux Publics et du Bâtiment, n° 5358, Le Moniteur

La Villett, Park and Grande Halle, Itineraires Seiries

Pantin, Métropole Du Grand Paris, 2014

Paris La Defense City Guide, Citizen Press, 2017

Paris rive gauche, architecture et urbanisme, 2007, SEMAPA

Pouchard, a creative factory in Paris, 2014

PWC. Emerging Trends in Real Estate Creating an impact Europe 2019

Sabin De Luca. (2016.02). Politiche europee a città: stado dell'arte e propettive future. Working papers. Rivista online di Urban@it

World Economic Forum (2017.10). Migration and its Impact on Cities. International Journal of Urban & Regional Research, 39, 422~424

kr.france.fr/

www.fondationlouisvuitton.fr

www.quaibranly.fr

en.parisinfo.com

www.musee-orsay.fr

www.egouts.tenebres.eu

www.104.fr

rivegauche.oddle.me

stationf.co

www.bnf.fr

parisladefense.com

www.centrepompidou.fr

www.bercyvillage.com

fr.westfield.com

www.louvre.fr

en.parisinfo.com

www.toureiffel.paris

www.seine-cruises.com

www.aparisguide.com

www.montmartre-guide.com

www.grandpalais.fr

www.parislongchamp.com

www.accorhotelsarena.com

beaupassage.fr

www.hotellutetia.com

cafedeflore.fr

www.lesdeuxmagots.fr

www.eglise-saintgermaindespres.fr

www.notredamedeparis.fr

shakespeareandcompany.com

www.paris-flea-market.com

www.musee-orangerie.fr

www.paris-pantheon.fr

www.tourmontparnasse56.com

www.galerieslafayette.com

www.musee-armee.fr

www.musee-rodin.fr

en.chateauversailles.fr

www.disneylandparis.com

https://www.archdaily.com/872776/photographed-shigeru-ban-and-jean-de-gastines-solar-powered-seine-musicale?ad_source=search&ad_medium=projects_tab&ad_source=search&ad_medium=search_result_all

https://fr.wikipedia.org/wiki/La_Seine_musicale

https://en.wikipedia.org/wiki/Groupe_Le_Monde

https://m.hankookilbo.com/News/Read/A2021092410440003998

https://arquitecturaviva.com/works/la-samaritaine-paris-2249

https://en.wikipedia.org/wiki/La_Samaritaine

https://www.cntraveler.com/hotels/paris/cheval-blanc-paris

https://fr.wikipedia.org/wiki/Cheval_Blanc_Paris

https://www.maisonkorea.com/interior/2023/03/louis-vuittons-dream/

https://eu.louisvuitton.com/eng-e1/magazine/articles/lv-dream

https://fr.wikipedia.org/wiki/Fondation_J%C3%A9r%C3%B4me_Seydoux-Path%C3%A9

https://www.fondazionerenzopiano.org/en/project/fondation-pathe/

https://www.architecturedecollection.fr/renzo-piano-a-la-fondation-jerome-seydoux-pathe/

https://www.pinaultcollection.com/fr

https://en.wikipedia.org/wiki/Pinault_Collection

https://www.theatre-architecture.eu/db/?theatreId=1024

https://en.wikipedia.org/wiki/Od%C3%A9on-Th%C3%A9%C3%A2tre_de_l%27Europe

https://fr.wikipedia.org/wiki/Jardin_du_Luxembourg

https://fr.wikipedia.org/wiki/%C3%89glise_Saint-%C3%89tienne-du-Mont_de_Paris

https://triple.guide/attractions/09eee170-9e36-48a8-8759-885e102e4966

https://fr.wikipedia.org/wiki/%C3%89glise_Saint-%C3%89tienne-du-Mont_de_Paris

https://triple.guide/attractions/09eee170-9e36-48a8-8759-885e102e4966

https://ko.wikipedia.org/wiki/%ED%8C%94%EB%A0%88_%EB%A3%A8%EC%95%84%EC%96%84

https://en.wikipedia.org/wiki/Palais-Royal

https://ko.wikipedia.org/wiki/%ED%8C%94%EB%A0%88_%EB%A3%A8%EC%95%84%EC%96%84

https://en.wikipedia.org/wiki/Palais-Royal